Unnützes Wissen
Mathematik

77 verblüffende Rätsel und
Geheimnisse aus der
Welt der Zahlen

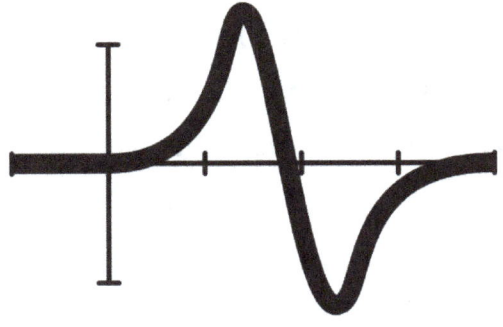

Lindsay Moon

WWW.LINDSAYMOON.DE

INHALTSVERZEICHNIS

3

EINLEITUNG

Entdecken Sie eine Welt, in der Zahlen mehr sind als nur Symbole – sie sind geheimnisvolle Rätsel, die darauf warten, von Ihnen enthüllt und gelöst zu werden. Wussten Sie, dass die einfachsten Gleichungen die Schlüssel zu den größten Geheimnissen des Universums in sich bergen? Bereiten Sie sich darauf vor, Ihr Verständnis von Logik und Realität auf den Kopf stellen zu lassen. Dieses Buch führt Sie auf eine fesselnde Reise durch die verborgenen Schätze der Mathematik, die seit Jahrhunderten die klügsten Köpfe in ihren Bann ziehen.

Jede Seite steckt voller überraschender Geschichten, unglaublicher Fakten und kniffliger Herausforderungen, die Ihre Sichtweise auf Mathematik revolutionieren werden.

Erforschen Sie, wie mathematische Prinzipien in der Natur, in der Kunst und in unserem täglichen Leben verborgen sind. Enthüllen Sie die Geheimnisse hinter den bedeutendsten mathematischen Entdeckungen und lernen Sie die genialen Denker kennen, die diese Wunder vollbracht haben.

Stellen Sie sich Rätseln, die selbst erfahrene Mathematiker verblüffen.

Dies ist nicht nur ein Buch über Mathematik – es ist eine Einladung, Ihre Perspektive zu erweitern und in die unermesslichen Tiefen der Mathematik einzutauchen.

Bereiten Sie sich darauf vor, Ihren Horizont zu erweitern und sich auf ein Abenteuer voller Entdeckungen und unerwarteter Wendungen zu begeben.

Also lehnen Sie sich zurück, schlagen Sie die erste Seite auf und tauchen Sie ein in die Welt der Mathematik.

Viel Vergnügen beim Lesen und Entdecken!

QUADRATUR DES KREISES

Seit Jahrtausenden blicken Menschen in den Himmel und staunen über die perfekte Kreisform des Mondes. In der Natur finden wir diese Form wieder, zum Beispiel in Schneckenhäusern, Seifenblasen oder Sonnenblumen. Doch was wäre, wenn wir diese Kreisform in eine andere geometrische Figur verwandeln könnten, die uns genauso vertraut ist: das Quadrat?

Die Quadratur des Kreises – ein Rätsel, das die Menschheit seit Jahrhunderten in seinen Bann zieht. Unzählige Mathematiker und Hobbytüftler haben sich an dieser scheinbar unmöglichen Aufgabe versucht. Mit Zirkel und Lineal bewaffnet, versuchten sie, den Kreis zu bezwingen und ihm seine geheimnisvolle runde Form zu entreißen.

Doch die Kreiszahl Pi, die das Verhältnis von Kreisumfang zu Durchmesser beschreibt, erwies sich als unbezwingbarer Gegner. 1882 gelang es dem deutschen Mathematiker Ferdinand von Lindemann, zu beweisen, dass Pi transzendent ist – sich also nicht als Bruch zweier ganzer Zahlen darstellen lässt. Und genau das macht die Quadratur des Kreises mit Zirkel und Lineal unmöglich – so wie man einen runden Teller nicht in ein perfekt quadratisches Stück Kuchen verwandeln kann. Lindemanns Arbeit schloss ein Problem ab, das nicht nur Mathematiker, sondern auch Philosophen und Künstler faszinierte und inspirierte. Heute wird der Ausdruck »Quadratur des Kreises« metaphorisch verwendet, um eine scheinbar unlösbare Aufgabe zu beschreiben – ein bleibendes Erbe dieses mathematischen Rätsels.

Aber ist dies wirklich das Ende der Geschichte? Nein, denn menschlicher Erfindungsreichtum kennt keine Grenzen. Wo die reine Geometrie versagt, kommen andere Werkzeuge zum Einsatz. Mit Näherungsmethoden, ausgeklügelten Berechnungen und sogar Computern versuchen wir weiterhin, dem Kreis sein Geheimnis zu entlocken.

ACHILLES UND DIE SCHILDKRÖTE

Stellen Sie sich vor, Sie sind Achilles, der schnellste aller griechischen Helden, und Sie nehmen an einem ungewöhnlichen Rennen teil – Ihr Gegner ist eine langsame Schildkröte. Zenon von Elea, ein griechischer Philosoph, meinte, dass Sie, selbst mit Ihrer unglaublichen Geschwindigkeit, die Schildkröte niemals einholen können, wenn sie einen Vorsprung hat. Klingt unmöglich, oder? Aber lassen Sie uns tiefer eintauchen:

Jedes Mal, wenn Sie den Punkt erreichen, an dem die Schildkröte gestartet ist, hat sie sich bereits ein wenig weiterbewegt. Wenn Sie dann diesen neuen Punkt erreichen, ist sie schon wieder ein Stück weiter vorangekommen. Dieses Szenario scheint sich unendlich fortzusetzen – Sie erreichen immer nur den Ort, an dem die Schildkröte kurz zuvor war, aber niemals die Schildkröte selbst.

Dieses Paradoxon spielt mit dem Konzept von unendlichen Teilungen eines Raumes und zeigt eine faszinierende Herausforderung in unserem Verständnis von Bewegung. In der realen Welt würden Sie die Schildkröte schnell überholen, aber Zenos Paradoxon wirft eine spannende mathematische Frage auf: Wie kann eine unendliche Sequenz von Aktionen in endlicher Zeit abgeschlossen werden?

Natürlich wurde diese Annahme bereits damals von der Allgemeinheit als unwahrscheinlich angesehen, doch erst mit moderner Mathematik konnte ihr Fehler bewiesen werden. Dieser liegt in der unendlichen Folge, die jedoch ein endliches Ergebnis haben kann, und in der falschen Annahme, die Strecke sei unendlich. Alles klar?

So wird aus einem einfachen Wettlauf ein tiefgründiges Gedankenexperiment, das uns zeigt, wie faszinierend und überraschend die Welt der Mathematik sein kann.

MATHEMATISCHE ERKLÄRUNG

Wir werden nun ver-
suchen, das Para-
doxon des Ren-
nens zwischen Achilles und
der Schildkröte mit mathematischen Mitteln zu er-
klären. Dazu erstellen wir
ein Koordinatensystem mit
der Zeit als x-Achse und
dem Weg als y-Achse.

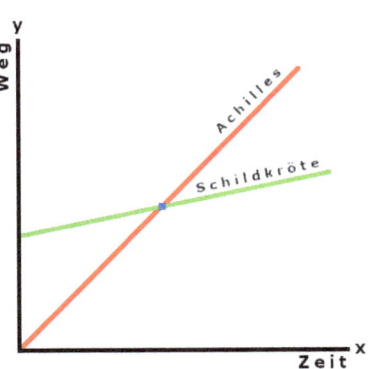

Wir gehen davon aus, dass
Achilles 10-mal so schnell läuft wie die Schildkröte, er legt
somit 10 Meter in 1 Sekunde zurück, die Schildkröte nur
1 Meter pro Sekunde. Weiterhin bekommt die Schildkröte
10 Meter Vorsprung beim Start des Rennens.

Als Gleichung können wir das so darstellen:

Achilles: $10 * x = y$

Schildkröte: $1 * x + 10 = y$

Wann holt Achilles die Schildkröte ein? Genau dann, wenn

$$10 * x = x + 10$$

ist. Dann haben beide den Weg y zurückgelegt. Berechnen
wir nun x:

$$9x = 10$$

$$x = \frac{10}{9}$$

Setzen wir nun diese Zeit in die Gleichung

$$10 * x = y$$

ein, erhalten wir:

$$10 * \frac{10}{9} = \frac{100}{9} = 11\frac{1}{9} = 1{,}111\ldots$$

Also nach genau 1,111... Sekunden und einem Weg von 11,111... Metern hat Achilles die Schildkröte eingeholt.

Der Philosoph Zenon von Elea hat diese **endliche** Strecke mit der Länge von 11,111... Metern eingeteilt in eine **unendliche** Menge.

Der (scheinbare) Widerspruch bestand darin, dass sich die griechischen Philosophen und Mathematiker zur Zeit Zenons nicht vorstellen konnten, dass eine Addition unendlich vieler Summanden unter bestimmten Bedingungen einen endlichen Wert ergeben kann.

NULL IST NICHT NICHTS

Die Geschichte der Null ist eine faszinierende Reise durch Zeit und Kulturen. Stellen Sie sich eine Welt ohne die Null vor – eine Welt, in der das Konzept von »Nichts« keinen Platz in der Mathematik hatte. Genau das war die Realität bis etwa ins 5. Jahrhundert n. Chr. Die Idee der Null, wie wir sie heute  kennen, wurde erst in Indien entwickelt und revolutionierte die Mathematik.

Bevor die Null eingeführt wurde, hatten verschiedene Kulturen unterschiedliche Wege, um das Fehlen von etwas auszudrücken, aber keinen einheitlichen Begriff dafür. Die Einführung der Null als eigenständige Zahl brachte eine enorme Veränderung. Sie ermöglichte es nicht nur, leere Stellen in einem Zahlensystem zu markieren (zum Beispiel den Unterschied zwischen 101 und 11), sondern führte auch zu dem Konzept von Unendlich in der Mathematik. Mit der Null konnten nun Berechnungen und algebraische Konzepte auf eine Weise entwickelt werden, die ohne sie unmöglich gewesen wären.

Die Null wurde auch zum kritischen Baustein für das dezimale Zahlensystem, das eine grundlegende Rolle in der Entwicklung der modernen Mathematik und Wissenschaft spielte. Ihr Einfluss ist weitreichend – von grundlegenden mathematischen Operationen bis hin zu ihrer unverzichtbaren Rolle in der Computertechnologie. So ist die Null ein perfektes Beispiel dafür, wie eine scheinbar einfache Idee die Welt verändern kann. Es ist eine Zahl, die buchstäblich »nichts« repräsentiert, aber ohne die »alles« in der Mathematik viel komplizierter wäre.

DAS PARADOXON DES BARBIERS

In einem kleinen Dorf lebt ein Barbier, der unter einer eigentümlichen Regel lebt: Er rasiert nur jene Männer, die sich nicht selbst rasieren. Doch die Frage nach seiner eigenen Rasur treibt die Bewohner in den Wahnsinn: Rasiert er sich selbst, würde er gegen seine Regel verstoßen. Tut er es nicht, müsste er sich selbst rasieren, da er ja zu den Männern gehört, die sich nicht selbst rasieren.

Auf den ersten Blick scheint das Paradoxon unlösbar zu sein. Egal welche Antwort man wählt, es entsteht ein Widerspruch.

Der Barbier rasiert sich selbst: Dies würde bedeuten, dass er zur Gruppe der Männer gehört, die sich nicht selbst rasieren, was gegen seine Regel verstößt.

Der Barbier rasiert sich nicht selbst: Dann müsste er sich selbst rasieren, da er ja zu den Männern gehört, die sich nicht selbst rasieren.

Das Paradoxon des Barbiers zeigt die Grenzen der Logik auf. Es scheint, als gäbe es keine eindeutige Lösung, die den Widerspruch auflöst. Verschiedene Interpretationen:

Der Barbier rasiert sich abwechselnd: Der Barbier rasiert sich an einem Tag selbst und am nächsten Tag nicht. So würde er weder gegen seine Regel verstoßen, noch wäre er gezwungen, sich ständig selbst zu rasieren.

Der Barbier ist eine Frau: Da Frauen in der Regel nicht von der Regel betroffen sind, löst sich der Widerspruch auf.

Das Paradoxon ist unlösbar: Das Paradoxon ist schlichtweg unlösbar. Es stellt eine Herausforderung an unsere Vorstellungskraft und zeigt, dass es Dinge gibt, die wir mit logischen Mitteln nicht verstehen können.

GRIECHISCHE WISSENSKUNST

Die Herkunft des Wortes »Mathematik« ist eine Reise durch Sprache und Geschichte, die uns ins Herz der menschlichen Neugier und des Verlangens nach Wissen führt. Dieses Wort, das heute für ein ganzes Feld des Wissens steht, hat seine Wurzeln im antiken Griechenland. Das Wort »Mathematik« leitet sich vom griechischen Wort »μάθημα« (mathēma) ab, was so viel bedeutet wie »Wissenschaft«, »Lernen« oder »Wissen«. Dieses Wort wiederum stammt vom griechischen Verb »μανθάνω« (manthanó), was »lernen«, »studieren« bedeutet. Die Mathematik war ursprünglich also ganz allgemein die Kunst des Lernens oder des wissenschaftlichen Studiums.

Im antiken Griechenland umfasste der Begriff Mathematik ein breites Spektrum an Wissen und Studien, darunter Bereiche wie Geometrie, Astronomie, Musiktheorie und sogar Philosophie. Große Denker wie Pythagoras, Plato und Aristoteles trugen zur Entwicklung der Mathematik als eine Disziplin bei, die sowohl praktische als auch theoretische Aspekte des Wissens und der Erkenntnis umfasste.

Als die Werke der griechischen Gelehrten im Mittelalter ins Arabische übersetzt wurden, wurde das griechische Wort »mathēma« ins Arabische als »معرفة« (Ma'rifah), was »Wissen« oder »Erkenntnis« bedeutet, übertragen. Später, während der Renaissance, als die europäischen Gelehrten begannen, sich mit den Schriften der antiken und arabischen Welt auseinanderzusetzen, wurde das Wort wieder ins Lateinische als »mathematica« überführt.

Das heutige Verständnis von Mathematik als eine Wissenschaft, die sich mit Zahlen, Quantität, Raum, Struktur und Veränderung befasst, hat sich im Laufe der Zeit entwickelt. Das Wort »Mathematik« hat dabei eine beeindruckende Transformation durchgemacht, von einem allgemeinen Begriff für »Studium« und »Wissen« hin zu einem spezifischen Fachgebiet.

PYTHAGORAS UND DIE BOHNEN

Die Geschichte von Pythagoras und seiner Abneigung gegen Bohnen rankt sich seit Jahrhunderten um den berühmten Philosophen und Mathematiker. Die Überlieferung besagt, dass er seinen Schülern den Verzehr von Bohnen strikt untersagte. Die Gründe für dieses Verbot sind jedoch unklar und verschiedene Theorien kursieren.

Einige sehen in der Ablehnung der Bohnen eine mystische oder symbolische Bedeutung. Bohnen galten in einigen Kulturen als unrein oder sogar als Sitz von Seelen. Pythagoras, der für seine asketische Lebensweise bekannt war, könnte die Bohnen als Sinnbild für weltliche Verlockungen und Ausschweifungen betrachtet haben.

Andere Theorien argumentieren mit gesundheitlichen Bedenken. Pythagoras könnte die Bohnen als schwer verdaulich oder als Quelle von Blähungen empfunden haben. In der Antike waren die medizinischen Kenntnisse begrenzt und es ist möglich, dass Pythagoras die Bohnen für schädlich hielt. Aber die bizarrste Geschichte rund um Pythagoras und seine Abneigung gegen Bohnen ist die Legende seines Todes.

Man erzählt, Pythagoras sei von seinen Feinden verfolgt worden und stand vor der Wahl, ein Bohnenfeld zu durchqueren oder gefasst zu werden. Getreu seinem Verbot gegenüber den Bohnen wählte er es, sich nicht durch das Feld zu retten und wurde so von seinen Verfolgern eingeholt. Es ist jedoch wichtig zu beachten, dass diese Berichte keinen historischen Quellen entstammen und wahrscheinlich der Legendenbildung zuzuschreiben sind.

Die Geschichte von Pythagoras und den Bohnen ist ein Beispiel für die Vermischung von Mythos und Geschichte. Sie zeigt uns, wie Legenden und Überlieferungen unser Bild von historischen Figuren prägen können.

DIE BRÜCKEN VON KÖNIGSBERG

Königsberg, die ehemalige Hauptstadt Ostpreußens, war im 18. Jahrhundert durch den Fluss Pregel in vier Teile geteilt. Sieben Brücken verbanden die Ufer und Inseln miteinander. Die Bewohner der Stadt stellten sich die Frage, ob es möglich sei, einen Rundweg zu finden, der jede Brücke genau einmal überquert und am Ausgangspunkt endet.

Leonhard Euler, ein berühmter Schweizer Mathematiker, beschäftigte sich mit diesem Problem und fand 1736 die Lösung: Es ist nicht möglich, einen solchen Rundweg zu finden.

Euler betrachtete die Stadt als ein Netzwerk von Punkten (den Ufern und Inseln) und Linien (den Brücken). Er erkannte, dass jeder Punkt an eine gerade Anzahl von Linien angrenzen muss, damit ein Rundweg möglich ist. In Königsberg jedoch grenzten zwei Punkte (die Inseln) an eine ungerade Anzahl von Linien (drei Brücken).

Eulers Lösung des Brückenproblems gilt als der Beginn der Graphentheorie, einem Zweig der Mathematik, der sich mit der Untersuchung von Netzwerken und Beziehungen zwischen Objekten befasst.

Das Problem der sieben Brücken von Königsberg ist nicht nur ein interessantes Rätsel, sondern es hat auch wichtige Auswirkungen auf verschiedene Gebiete wie Verkehrsplanung, Netzwerkoptimierung und Computerwissenschaften.

15 PROZENT TRINKGELD

Berechnen von Trinkgeld in einem Restaurant ist eine alltägliche mathematische Aufgabe, die viele von uns routinemäßig durchführen. Stellen wir uns vor, Sie sind in einem Restaurant und möchten nach einer guten Mahlzeit 15% Trinkgeld geben.

Wie gehen Sie vor?

Nehmen wir an, Ihre Rechnung beträgt 50 Euro.

Um 15% Trinkgeld zu berechnen, müssen Sie zuerst den Prozentsatz in eine Dezimalzahl umwandeln. 15% entsprechen 0,15 als Dezimalzahl. Dann multiplizieren Sie den Gesamtbetrag der Rechnung (50 Euro) mit dieser Dezimalzahl:

50 Euro × 0,15 = 7,50 Euro

So beträgt das Trinkgeld 7,50 Euro. Wenn Sie das Trinkgeld zur Gesamtrechnung hinzufügen, ergibt sich ein Endbetrag von:

50 Euro + 7,50 Euro = 57,50 Euro

Diese Methode funktioniert mit jedem Rechnungsbetrag. Das Berechnen von Trinkgeld ist ein praktisches Beispiel dafür, wie Prozentrechnung im Alltag verwendet wird. Es ist eine einfache, aber wichtige mathematische Fähigkeit, die hilft, im Restaurant und in vielen anderen Situationen den Überblick über Finanzen zu behalten.

FIBONACCI-FOLGE IN DER NATUR

Die Fibonacci-Folge, benannt nach dem italienischen Ma-thematiker Leonardo von Pisa, bekannt als Fibo-nacci, ist ein faszi-nierendes Beispiel für das Vorkommen mathemati-scher Muster in der Natur. Die Sequenz beginnt mit 0 und 1, und jede darauf folgende Zahl ist die Sum-me der zwei vorherigen Zahlen. Also lautet die Sequenz 0, 1, 1, 2, 3, 5, 8, 13, 21 und so weiter.

Dieses scheinbar einfache Muster findet sich auf erstaun-liche Weise in der Natur wieder. Ein klassisches Beispiel sind die Anordnungen der Blätter und Blütenblätter bei vielen Pflanzen. Die Anzahl der Blütenblätter bei vielen Blumen folgt häufig einer Zahl aus der Fibonacci-Folge. So haben Löwenzahn normalerweise 21 Blütenblätter, Gän-seblümchen oft 34 oder 55. Auch in der Anordnung von Blättern, Zweigen und Früchten finden sich häufig Fibo-nacci-Zahlen, da Pflanzen in diesen Mustern wachsen, um maximale Sonneneinstrahlung oder Raumnutzung zu er-reichen. Die Fibonacci-Folge ist zudem in der Struktur von Ananas, Kiefernzapfen und sogar in der Form von Ga-laxien zu finden.

Diese Beispiele aus der Natur sind nicht nur ästhetisch an-sprechend, sondern sie illustrieren auch, wie Mathematik ein grundlegendes Prinzip in den biologischen Strukturen und Prozessen darstellen kann. Es ist ein wunderbares Beispiel dafür, wie mathematische Konzepte in der Welt um uns herum eingebettet sind und wie die Natur ihre ei-genen mathematischen Regeln hat, um Strukturen und Muster zu erzeugen.

DAS SCHACHBRETT-PROBLEM

Bekannt als das Problem des Weizenkorns, stellt diese Aufgabe ein klassisches Exempel für die enorme Kraft exponentiellen Wachstums dar. Es gilt herauszufinden, wie viele Reiskörner insgesamt benötigt werden, wenn man das erste Feld eines Schachbretts mit einem Korn belegt, das zweite Feld mit zwei Körnern, das dritte mit vier Körnern, und so weiter – wobei man die Anzahl der Körner auf jedem nachfolgenden Feld verdoppelt.

Da ein Schachbrett 64 Felder hat, belegt man das letzte Feld mit 2^{63} (da das erste Feld 2^0 ist) Körnern. Die Gesamtanzahl der Körner auf dem Schachbrett ist die Summe dieser exponentiellen Serie:

$$\sum_{n=0}^{63} 2^n = 2^0 + 2^1 + 2^2 + \cdots + 2^{63}$$

Diese Summe beträgt $2^{64} - 1$, da jede Zahl der Reihe die vorherige verdoppelt und dann eins hinzufügt. Das Ergebnis ist eine enorm große Zahl:

$$2^{64} - 1 = 18.446.744.073.709.551.615$$

Das bedeutet, dass man 18.446.744.073.709.551.615 Reiskörner bräuchte, um das Schachbrett auf diese Weise zu belegen. Diese Zahl ist so groß, dass sie weit über die Menge an Reis hinausgeht, die jemals produziert wurde. Dieses Problem illustriert eindrucksvoll, wie schnell Zahlen in exponentiellen Wachstumsprozessen astronomische Größen erreichen können.

UNENDLICH VIELE PRIMZAHLEN

Euklid, der griechische Mathematiker, bekannt für seine bahnbrechenden Werke in der Geometrie, machte auch eine der bedeutendsten Entdeckungen in der Zahlentheorie: Er bewies, dass es unendlich viele Primzahlen gibt. Primzahlen sind Zahlen, die nur durch 1 und sich selbst ohne Rest teilbar sind, wie 2, 3, 5, 7, 11 und so weiter.

Euklids Beweis für die Unendlichkeit der Primzahlen ist verblüffend einfach und doch tiefgründig. Er ging von einer Annahme aus:

Angenommen, es gäbe nur eine begrenzte Anzahl von Primzahlen. Wenn man alle bekannten Primzahlen miteinander multipliziert und 1 hinzufügt, erhält man eine neue Zahl. Diese neue Zahl kann nicht durch irgendeine der bekannten Primzahlen geteilt werden, da immer ein Rest von 1 bleibt. Folglich muss sie entweder selbst eine Primzahl sein oder durch eine andere, noch nicht bekannte Primzahl teilbar sein. In beiden Fällen führt dies zu einem Widerspruch zur ursprünglichen Annahme, dass es eine begrenzte Anzahl von Primzahlen gibt.

Euklids eleganter Beweis zeigt, dass es immer eine Primzahl geben muss, die größer ist als jede in einer beliebigen Liste von Primzahlen. Dieser Beweis unterstreicht die Bedeutung des Unendlichkeitskonzepts in der Mathematik und bleibt eine der zentralen Säulen in der Zahlentheorie. Die Erkenntnis, dass es unendlich viele Primzahlen gibt, hat tiefe Implikationen für die Mathematik und ihre Anwendungen, von der Kryptographie bis zur theoretischen Forschung.

Euklids Beweis für die Unendlichkeit der Primzahlen ist ein Meilenstein in der Geschichte der Mathematik. Er zeigt die Kraft der Logik und die Schönheit dieser Wissenschaft.

DAS LÜGNER-PARADOXON

Als faszinierendes Rätsel zeigt das Paradoxon die Grenzen unserer Vorstellungen von »Wahr« und »Falsch« auf. Es wird am häufigsten in der Form der Aussage »Ich lüge gerade« präsentiert. Dieses Paradoxon entsteht durch eine selbstbezügliche Aussage – eine Aussage, die sich auf sich selbst bezieht.

Lassen wir uns die Aussage genauer betrachten: Wenn die Aussage »Ich lüge gerade« wahr ist, dann lügt die Person, welche die Aussage macht, was bedeutet, dass die Aussage eine Lüge ist. Aber wenn die Aussage eine Lüge ist, dann ist die Person, die die Aussage macht, gerade nicht am Lügen, was wiederum bedeutet, dass die Aussage wahr ist. So geraten wir in einen endlosen Zyklus von Widersprüchen, da die Aussage nicht gleichzeitig wahr und falsch sein kann.

Das Paradoxon beleuchtet ein fundamentales Problem in der Logik und Philosophie: Wie gehen wir mit selbstbezüglichen Aussagen um, die zu solchen Widersprüchen führen? Es stellt die Strukturen der formalen Logik auf die Probe und zwingt uns, die Grenzen der Sprache und der menschlichen Rationalität zu erkennen.

Über die Jahre haben Philosophen und Logiker versucht, dieses Paradoxon aufzulösen oder zu erklären.

Einige Ansätze schlagen vor, dass selbstbezügliche Aussagen aus logischen Überlegungen ausgeschlossen werden sollten, während andere Theorien versuchen, Systeme zu entwickeln, die mit solchen Paradoxien umgehen können.

Das Lügner-Paradoxon bleibt ein fesselndes Rätsel und ein ausgezeichnetes Beispiel dafür, wie einfache Sätze tiefgründige philosophische und logische Herausforderungen darstellen können.

WOZU PRIMZAHLEN?

Primzahlen, obwohl sie auf den ersten Blick abstrakt und theoretisch erscheinen mögen, haben vielfältige und bedeutende Anwendungen in verschiedenen Bereichen, insbesondere in der Mathematik und Informatik. Hier sind einige Schlüsselbereiche, in denen sie Anwendung finden:

Kryptographie: Primzahlen spielen eine zentrale Rolle in der Kryptographie, insbesondere in der Verschlüsselung. Algorithmen wie RSA, einer der ersten Public-Key-Kryptosysteme, basieren auf der Schwierigkeit, große Zahlen in ihre Primfaktoren zu zerlegen. Da es für sehr große Zahlen praktisch unmöglich ist, schnell ihre Primfaktoren zu finden, bieten Primzahlen eine zuverlässige Basis für sichere Verschlüsselungsmethoden.

Computer- und Netzwerksicherheit: Aufgrund ihrer Rolle in der Kryptographie sind Primzahlen entscheidend für die Sicherheit in der Datenübertragung. Sie werden eingesetzt, um sichere Online-Transaktionen zu ermöglichen, wie beim Online-Banking, Einkaufen oder bei der sicheren Übertragung vertraulicher Informationen.

Fehlererkennung und -korrektur: Bestimmte Primzahl-basierte Algorithmen werden eingesetzt, um Fehler in Datenübertragungen zu erkennen und zu korrigieren.

Mathematik: Primzahlen sind grundlegend für die Zahlentheorie und haben Verbindungen zu anderen mathematischen Bereichen wie Algebra, Analysis und Wahrscheinlichkeitstheorie. Sie dienen als Basis für fortgeschrittenere mathematische Theorien und Techniken.

Die Anwendung von Primzahlen in diesen Bereichen zeigt, wie ein Konzept, das in der Antike als reine Zahlenspielerei begann, zu einem wesentlichen Bestandteil moderner Technologie und fortgeschrittener mathematischer Studien geworden ist.

EUREKA!

Archimedes' Geschichte mit seinem berühmten Ausruf »Eureka!« gehört zu den bekanntesten Anekdoten in der Wissenschaftsgeschichte. Archimedes, ein griechischer Mathematiker, Physiker und Ingenieur des 3. Jahrhunderts v. Chr., machte eine legendäre Entdeckung, als er das Prinzip des Auftriebs entdeckte.

Die Legende besagt, dass der König von Syrakus Archimedes beauftragte herauszufinden, ob seine neue Krone aus reinem Gold bestand oder ob der Goldschmied das Gold mit einem billigeren Metall vermischt hatte. Archimedes grübelte lange über dieses Problem nach, ohne zu einer Lösung zu kommen.

Die Erleuchtung kam, als er eines Tages ein Bad nahm. Er bemerkte, dass der Wasserspiegel anstieg, als er in die Badewanne stieg, und erkannte plötzlich, dass das Volumen des verdrängten Wassers gleich dem Volumen des eingetauchten Körpers sein musste.

Überwältigt von seiner Entdeckung soll Archimedes nackt aus der Badewanne gesprungen und durch die Straßen von Syrakus gelaufen sein, während er »Eureka!« (griechisch für »Ich habe es gefunden!«) rief. Diese Entdeckung ermöglichte ihm, das Volumen der Krone und damit deren Dichte zu bestimmen, ohne sie zu zerstören, und so zu beweisen, ob sie aus reinem Gold bestand oder nicht.

Das Prinzip des Archimedes, wie es heute bekannt ist, erklärt, warum einige Gegenstände schwimmen und andere untergehen, und es ist ein grundlegendes Konzept in der Physik. Diese Geschichte ist nicht nur ein Beispiel für einen plötzlichen wissenschaftlichen Durchbruch, sondern sie zeigt auch Archimedes' Leidenschaft und Begeisterung für die Wissenschaft.

DER VIERFARBENSATZ

Es handelt sich hierbei um ein faszinierendes Problem in der Mathematik, das eine lange Geschichte der Untersuchung und schließlich eine Lösung durch die Nutzung moderner Technologie aufweist. Ursprünglich im 19. Jahrhundert formuliert, besagt der Satz, dass man jede beliebige ebene Landkarte so mit nur vier Farben färben kann, dass keine zwei angrenzenden Gebiete (Länder, Regionen usw.) dieselbe Farbe haben.

Die Idee klingt zunächst einfach und doch überraschend schwierig zu beweisen. Für Jahrzehnte versuchten Mathematiker, einen Beweis für diesen Satz zu finden, aber trotz verschiedener Ansätze blieb eine endgültige Lösung unerreichbar. Die Komplexität des Problems liegt in der nahezu unendlichen Anzahl möglicher Kartenkonfigurationen, die betrachtet werden müssen.

Der Durchbruch kam 1976, als die Mathematiker Kenneth Appel und Wolfgang Haken von der University of Illinois einen Beweis vorlegten, der auf umfangreichen Computerberechnungen basierte. Ihr Ansatz bestand darin, das Problem in eine begrenzte Anzahl verschiedener Fälle aufzuteilen und dann für jeden dieser Fälle zu zeigen, dass vier Farben ausreichen. Dies erforderte den Einsatz von Computern, um Tausende von Konfigurationen zu überprüfen.

Der Beweis von Appel und Haken war bahnbrechend, da es einer der ersten Male war, dass ein Computer zur Lösung eines bedeutenden mathematischen Problems eingesetzt wurde.

Dies löste Debatten in der mathematischen Gemeinschaft aus, insbesondere in Bezug auf die Zuverlässigkeit und Überprüfbarkeit von computerbasierten Beweisen.

MENGEN IM REZEPT VERDOPPELN

Das Verdoppeln oder Halbieren von Mengen in einem Kochrezept ist ein praktisches Beispiel für angewandte Mathematik im Alltag. Es ist eine grundlegende Fähigkeit, die beim Kochen und Backen häufig benötigt wird, besonders wenn man die Portionsgröße an die Anzahl der Personen anpassen möchte.

Mal angenommen, Sie haben ein Rezept, das für 4 Personen ausgelegt ist, aber Sie möchten für 8 Personen kochen. In diesem Fall müssen Sie jede Zutatenmenge im Rezept verdoppeln. Wenn das Rezept beispielsweise 2 Tassen Mehl, 1 Tasse Zucker und 3 Eier verlangt, würdenn Sie für 8 Personen 4 Tassen Mehl, 2 Tassen Zucker und 6 Eier benötigen.

Umgekehrt, wenn Sie die Menge halbieren möchten, teilen Sie jede Zutat durch zwei. Bei einem Rezept für 4 Personen, das 2 Tassen Mehl erfordert, würden Sie für 2 Personen nur 1 Tasse Mehl verwenden. Dies mag einfach erscheinen, aber es erfordert ein grundlegendes Verständnis von Brüchen und Proportionen, besonders wenn man mit ungeraden Mengen oder verschiedenen Maßeinheiten arbeitet. Zum Beispiel kann das Halbieren von 3/4 Tasse eine Herausforderung darstellen, wenn man nicht weiß, wie man Brüche teilt.

Das Verdoppeln oder Halbieren von Rezeptmengen zeigt, wie mathematische Konzepte in alltäglichen Situationen angewendet werden. Es hilft nicht nur, leckere Mahlzeiten für die richtige Anzahl von Personen zuzubereiten, sondern fördert auch das praktische Verständnis von Mathematik.

DAS MONTY-HALL-PROBLEM

Hier geht es um ein berühmtes Wahrscheinlichkeitsrätsel, das aus der amerikanischen Spielshow »Let's Make a Deal« stammt und nach ihrem Moderator Monty Hall benannt wurde. Es veranschaulicht ein überraschendes Phänomen der Wahrscheinlichkeitsrechnung und zeigt, wie unsere Intuition uns manchmal in die Irre führen kann.

Die Situation ist wie folgt: Sie sind Teilnehmer in einer Spielshow und haben die Wahl zwischen drei Türen. Hinter einer der Türen befindet sich ein wertvoller Preis (zum Beispiel ein Auto), hinter den beiden anderen Türen steht jeweils eine Ziege. Sie wählen eine Tür, sagen wir Tür 1. Bevor diese Tür geöffnet wird, öffnet Monty Hall eine der beiden anderen Türen, hinter der eine Ziege ist. Nehmen wir an, er öffnet Tür 3 und enthüllt eine Ziege. Nun haben Sie die Möglichkeit, bei Ihrer ursprünglichen Wahl (Tür 1) zu bleiben oder zu der anderen verbleibenden Tür (Tür 2) zu wechseln. Was ist die bessere Strategie?

Intuitiv könnte man denken, dass es keinen Unterschied macht, ob man wechselt oder nicht, da zwei Türen verbleiben und die Chance für jede Tür somit 50:50 zu sein scheint. Die Lösung des Problems zeigt jedoch, dass es besser ist zu wechseln. Die Wahrscheinlichkeit, dass der Preis hinter der Tür ist, die Sie zuerst gewählt haben, beträgt 1/3, da Sie diese Tür ausgewählt haben, als alle drei Türen noch zur Auswahl standen. Die Wahrscheinlichkeit, dass der Preis hinter der anderen Tür ist, beträgt hingegen 2/3, da Monty Hall eine Tür mit einer Ziege bewusst ausgewählt hat und er weiß, wo der Preis ist. Durch den Wechsel nutzen Sie diese zusätzliche Information.

Das Monty-Hall-Problem ist ein klassisches Beispiel dafür, wie gegenintuitive Lösungen in der Wahrscheinlichkeitsrechnung entstehen können und wie wichtig es ist, über den ersten intuitiven Eindruck hinauszudenken.

DER SATZ DES PYTHAGORAS

Als eines der bekanntesten und grundlegendsten Prinzipien in der Mathematik, insbesondere in der Geometrie, gilt das Theorem von Pythagoras. Es wird dem antiken griechischen Mathematiker Pythagoras zugeschrieben, der um 570 v. Chr. bis 495 v. Chr. lebte. Das Theorem beschreibt eine grundlegende Beziehung in rechtwinkligen Dreiecken.

Es besagt, dass in einem rechtwinkligen Dreieck das Quadrat der Länge der Hypotenuse (die Seite des Dreiecks, die dem rechten Winkel gegenüberliegt) gleich der Summe der Quadrate der anderen beiden Seiten ist. In einer einfachen mathematischen Formel ausgedrückt lautet das Theorem:

$$c^2 = a^2 + b^2$$

Hierbei ist c die Länge der Hypotenuse und a und b sind die Längen der anderen beiden Seiten des Dreiecks.

Das Theorem von Pythagoras hat weitreichende Anwendungen und ist ein entscheidendes Werkzeug in verschiedenen Bereichen der Mathematik und Physik. Es wird beispielsweise verwendet, um Distanzen in der Ebene zu berechnen, bei der Berechnung von Steigungen und in der Trigonometrie.

Eines der faszinierendsten Aspekte des Theorems ist, dass es im Laufe der Jahrhunderte auf viele verschiedene Weisen bewiesen wurde. Diese Vielzahl von Beweisen zeigt die universelle Natur mathematischer Wahrheiten und wie verschiedene mathematische Prinzipien miteinander verbunden sind.

Das Theorem von Pythagoras bleibt ein Eckpfeiler der Mathematik und ein hervorragendes Beispiel dafür, wie alte mathematische Entdeckungen noch immer im modernen Leben relevant sind.

DIE ZAHL 42

Berühmt wurde die Zahl 42 als »Antwort auf das Leben, das Universum und alles« durch Douglas Adams' Science-Fiction-Roman »Per Anhalter durch die Galaxis« (»The Hitchhiker's Guide to the Galaxy«).

In der Geschichte wird ein Supercomputer namens Deep Thought gebaut, um die »Antwort auf das Leben, das Universum und alles« zu finden. Nach sieben Millionen Jahren Berechnung kommt der Computer zu dem Schluss, dass die Antwort schlicht und einfach 42 ist.

Diese Zahl wurde von Adams bewusst willkürlich gewählt und hat keinen wissenschaftlichen oder mathematischen Hintergrund. In Interviews erklärte Adams, dass er 42 als eine lustige und unerwartete Zahl auswählte, die nicht besonders bedeutungsvoll ist. Das eigentliche Witzige daran ist, dass eine so einfache, klare Zahl als Antwort auf die komplexeste und unbestimmteste Frage des Lebens präsentiert wird. Die Zahl 42 hat seitdem in der Popkultur einen Kultstatus erlangt und wird oft humorvoll in Diskussionen über den Sinn des Lebens und andere tiefgründige Fragen eingesetzt. Sie hat sich zu einem Sinnbild für absurde oder nicht beantwortbare Fragen entwickelt und wird oft in humorvollen oder ironischen Kontexten zitiert.

In der Wissenschaft oder Mathematik gibt es keine »Weltformel«, die durch die Zahl 42 repräsentiert wird. Adams' Wahl dieser Zahl ist rein fiktiv und dient als humorvolles Element in seiner Geschichte.

DIVISION DURCH NULL

Der Mythos, dass die Division durch Null Null oder Unendlich ergibt, ist ein weit verbreitetes Missverständnis in der Mathematik. In Wahrheit ist die Division durch Null in der Mathematik nicht definiert und führt zu einem undefinierten Ausdruck. Hier ist der Grund:

In der Mathematik wird die Division oft als Umkehrung der Multiplikation angesehen. Wenn wir zum Beispiel $6 \div 2$ berechnen, suchen wir eine Zahl, die, multipliziert mit 2, das Ergebnis 6 ergibt. In diesem Fall ist diese Zahl 3, weil $3 * 2 = 6$.

Wenn wir jedoch versuchen, eine Zahl durch Null zu teilen, stoßen wir auf ein Problem. Nehmen wir an, wir möchten $x \div 0$ berechnen. Das würde bedeuten, eine Zahl zu finden, die, multipliziert mit 0, das Ergebnis x ergibt. Da jedoch jede Zahl, multipliziert mit Null, immer Null ergibt, gibt es keine Zahl, die diese Bedingung für ein beliebiges x erfüllen kann (außer für x=0, aber auch in diesem Fall ist das Ergebnis nicht eindeutig definiert).

Die Vorstellung, dass die Division durch Null Unendlich ergibt, stammt oft von der Beobachtung, dass die Ergebnisse der Division einer festen Zahl durch eine immer kleiner werdende Zahl gegen Unendlich streben.

Zum Beispiel, wenn man 1 durch eine sehr kleine Zahl teilt, wird das Ergebnis sehr groß. Dies führt jedoch nicht dazu, dass die Division durch Null selbst Unendlich ist, sondern zeigt lediglich, wie sich die Werte verhalten, wenn der Nenner gegen Null strebt.

Die Nicht-Definierbarkeit der Division durch Null ist ein wichtiges Konzept in der Mathematik und hilft, mathematische Strukturen wie die der reellen Zahlen konsistent und logisch zu halten.

DIE MAGISCHE ZAHL 6174

Das Phänomen der magischen Zahl 6174, bekannt als Kaprekar-Konstante, ist eines der faszinierendsten Beispiele für mathematische Kuriositäten. Nach wenigen Schritten entfaltet sich ein Muster, das unweigerlich zu diesem einzigartigen Ergebnis führt. Diese Besonderheit wurde vom indischen Mathematiker D. R. Kaprekar entdeckt und funktioniert wie folgt:

1. Wähle eine beliebige vierstellige Zahl, bei der nicht alle Ziffern gleich sind (zum Beispiel 3524)

2. Ordne die Ziffern der Zahl in absteigender (5432) und aufsteigender Reihenfolge (2345) an

3. Subtrahiere die kleinere Zahl von der größeren (5432 - 2345 = 3087)

4. Wiederhole die Schritte 2 und 3 mit dem Ergebnis

Egal, mit welcher vierstelligen Zahl (mit unterschiedlichen Ziffern) man beginnt, man wird nach einigen Wiederholungen immer bei der Zahl 6174 landen.

Was dieses Phänomen so bemerkenswert macht, ist die Art und Weise, wie es die Eigenschaften von Zahlen und einfachen mathematischen Operationen nutzt, um zu einem konstanten und wiederholbaren Ergebnis zu führen.

Die Zahl 6174 ist ein beeindruckendes Beispiel dafür, wie Mathematik unerwartete Muster und Regelmäßigkeiten in scheinbar zufälligen oder willkürlichen Sets von Zahlen enthüllen kann.

Dies macht die Kaprekar-Konstante zu einem faszinierenden Thema für Mathematikenthusiasten und zu einem tollen Beispiel für die Schönheit und das Mysterium der Mathematik.

GAUSS' KINDHEITSGENIE

Als berühmte Anekdote in der Welt der Mathematik gilt die Geschichte von Carl Friedrich Gauss' kindlichem Geniestreich. Sie veranschaulicht auf wunderbare Weise die Intuition und das innovative Denken des jungen Gauss, der später als einer der größten Mathematiker aller Zeiten bekannt wurde.

Als kleiner Junge in der Schule bekamen Gauss und seine Klassenkameraden die Aufgabe, die Summe der ersten 100 natürlichen Zahlen (von 1 bis 100) zu berechnen. Während seine Mitschüler mühsam die Zahlen einzeln addierten, fand Gauss eine viel schnellere Lösung.

Er bemerkte, dass man die Zahlen paarweise addieren kann, sodass die Summe jedes Paares gleich ist. Wenn man 1 und 100, 2 und 99, 3 und 98 usw. zusammenzählt, ist die Summe jedes Paares immer 101. Da es 50 solcher Paare gibt (100 Zahlen geteilt durch 2), ist die Gesamtsumme einfach 50 mal 101, also 5050.

Diese Methode ist ein frühes Beispiel für die Verwendung der arithmetischen Reihe und die Idee, Muster und Regelmäßigkeiten in Zahlen zu nutzen, um Berechnungen zu vereinfachen. Gauss' Ansatz zeigt, dass komplexe Probleme oft durch kreative und logische Denkweisen vereinfacht werden können.

Diese Anekdote ist nicht nur ein Beweis für Gauss' außergewöhnliches Talent, sondern auch eine Inspiration, nach eleganten Lösungen für mathematische Herausforderungen zu suchen.

DIE GOLDBACHSCHE VERMUTUNG

Diese These ist eines der ältesten und bekanntesten ungelösten Probleme in der Zahlentheorie. Sie wurde erstmals 1742 von Christian Goldbach, einem deutschen Mathematiker, in einem Brief an Leonhard Euler formuliert. Die Vermutung lautet:

»Jede gerade Zahl größer als 2 kann als Summe zweier Primzahlen dargestellt werden.«

Zum Beispiel:

$4 = 2 + 2$
$6 = 3 + 3$
$8 = 3 + 5$
$10 = 5 + 5$ (oder $3 + 7$)
$12 = 7 + 5$

Und so weiter. Obwohl die Vermutung für eine große Anzahl von Zahlen überprüft wurde und bisher keine Gegenbeispiele gefunden wurden, steht ein allgemeiner Beweis noch aus. Die Schwierigkeit bei der Goldbachschen Vermutung liegt darin, dass es unendlich viele gerade Zahlen und unendlich viele Kombinationen von Primzahlen gibt, die man betrachten muss.

Im Laufe der Jahre gab es verschiedene Ansätze und teilweise Fortschritte im Verständnis der Vermutung, aber ein vollständiger Beweis oder eine Widerlegung steht noch aus. Die Goldbachsche Vermutung bleibt damit eine der großen Herausforderungen in der Mathematik und ein klassisches Beispiel für ein einfach zu formulierendes, aber schwer zu beweisendes Problem. Die Faszination für die Goldbachsche Vermutung liegt nicht nur in ihrer Einfachheit und Eleganz, sondern auch in der Art und Weise, wie sie tiefe Fragen über die Natur von Zahlen und Primzahlen aufwirft. Sie bleibt ein zentrales Forschungsgebiet und zieht weiterhin das Interesse von Mathematikern weltweit auf sich.

PRIVATE BUDGETPLANUNG

Clevere Haushaltsplanung ist eine praktische Anwendung von Mathematik im Alltag, bei der es darum geht, seine monatlichen Einnahmen und Ausgaben zu verwalten. Um seine Finanzen im Griff zu behalten, ist es wichtig, die monatlichen Ausgaben in verschiedene Kategorien aufzuteilen. So kann man sehen, wofür man sein Geld ausgibt und wo möglicherweise gespart werden kann. Eine sorgfältige Berechnung und Verwaltung dieser Zahlen legt das Fundament für Ihre finanzielle Stabilität und Zukunft.

Fixe Kosten: Miete, Nebenkosten, Versicherungen, Telefon & Internet

Variable Kosten: Lebensmittel, Kleidung, Freizeit, Verkehr, Gesundheit

Sparen: Für Notfälle, Urlaub oder andere Ziele

Nachdem man seine Ausgaben kategorisiert hat, kann man ein Budget für jede Kategorie festlegen.

Verwendung der 50/30/20-Regel: 50% für Lebensnotwendiges, 30% für Freizeit & Konsum, 20% fürs Sparen

Verfolgung seiner Ausgaben: Notieren der Ausgaben in einem Tool oder einer App

Setzen realistischer Ziele: Analysierung seiner vergangenen Ausgaben und Setzen erreichbarer Limits

Flexibel sein: Planen eines Puffers für unvorhergesehene Ausgaben

Anpassen des Budgets: Regelmäßiges Überprüfen des Budgets und Anpassung an die Bedürfnisse

DAS RÄTSEL DES FEHLENDEN EURO

Drei Freunde zahlen je 10 Euro für ein 25-Euro-Zimmer. Der Hotelbesitzer gibt 5 Euro zurück, und die Freunde nehmen jeweils 1 Euro und geben dem Portier 2 Euro als Trinkgeld. Sie haben nun also jeweils 9 Euro bezahlt (insgesamt 27 Euro) und der Portier hat 2 Euro, was insgesamt 29 Euro ergibt. Wo ist der fehlende Euro?

Um das Rätsel zu klären, ist es wichtig, die Zahlungsströme korrekt zu analysieren: Die drei Freunde zahlen zunächst insgesamt 30 Euro. Der Hotelbesitzer gibt 5 Euro zurück. Damit haben die Freunde effektiv 25 Euro für das Zimmer bezahlt.

Die 5 Euro Rückgeld werden folgendermaßen aufgeteilt: Jeder Freund nimmt 1 Euro zurück, das sind insgesamt 3 Euro. Die verbleibenden 2 Euro geben sie dem Portier als Trinkgeld. Jetzt betrachten wir, wohin das Geld geflossen ist:

25 Euro sind beim Hotelbesitzer geblieben (für das Zimmer).
3 Euro sind zurück zu den Freunden gegangen.
2 Euro sind an den Portier gegangen.
Wenn man dies zusammenrechnet (25 Euro + 3 Euro + 2 Euro), ergibt das die ursprünglichen 30 Euro.

Der »fehlende« Euro entsteht durch eine fehlerhafte Rechnung, bei der die 27 Euro (25 Euro für das Zimmer plus 2 Euro Trinkgeld) mit den 3 Euro, die die Freunde zurückbekommen haben, addiert werden. Diese Addition ist jedoch nicht sinnvoll, da die 27 Euro bereits die 2 Euro Trinkgeld beinhalten. Die korrekte Berechnung berücksichtigt, dass die gesamten 30 Euro entweder als 25 Euro für das Zimmer plus 5 Euro Rückgeld oder als 27 Euro Ausgaben der Freunde (25 Euro Zimmer plus 2 Euro Trinkgeld) und 3 Euro Rückgeld betrachtet werden müssen.

EUKLIDS »ELEMENTE«

Euklids Lehrbuch »Elemente« ist eines der einflussreichsten mathematischen Werke aller Zeiten. Es bildete die Grundlage der modernen Geometrie und beeinflusste über 2000 Jahre lang das mathematische Denken. Die »Elemente« umfassen 13 Bücher, die verschiedene Themen der Mathematik behandeln, darunter:

Geometrie: Punkte, Linien, Winkel, Flächen, Kreise, Polygone, etc.

Algebra: Gleichungen, Ungleichungen, Proportionen, etc.

Zahlentheorie: Primzahlen, Teilbarkeit, etc.

Euklids Werk zeichnet sich durch seinen axiomatischen Aufbau aus. Er beginnt mit einer Reihe von Definitionen und Axiomen, aus denen er dann alle weiteren Sätze und Beweise herleitet. Die »Elemente« hatten einen tiefgreifenden Einfluss auf die Entwicklung der Mathematik. Sie prägten das Verständnis von Geometrie und Logik für Jahrhunderte und inspirierten viele Mathematiker zu weiteren Entdeckungen.

Obwohl die »Elemente« nicht mehr als aktuelles Lehrbuch verwendet werden, sind sie nach wie vor ein wichtiges Dokument in der Geschichte der Mathematik. Sie bieten einen Einblick in die Entwicklung des mathematischen Denkens und zeigen die Grundlagen der modernen Geometrie auf.

Insgesamt stellt »Elemente« nicht nur eine Sammlung mathematischer Erkenntnisse dar, sondern auch ein Monument des menschlichen Geistes und der Fähigkeit, Wissen systematisch zu ordnen und zu vermitteln. Euklids Werk bleibt ein grundlegendes Beispiel für Klarheit und logische Strenge in der Mathematik und ein essentieller Bestandteil des mathematischen Erbes.

MYTHOS WAHRSCHEINLICHKEIT

Absoluter Sicherheit beim Ergebnis einer Wahrscheinlichkeitsberechnung zu vertrauen, beruht auf einem Missverständnis darüber, was Wahrscheinlichkeit tatsächlich bedeutet. In Wirklichkeit gibt eine Wahrscheinlichkeit an, wie wahrscheinlich es ist, dass ein bestimmtes Ereignis eintritt, aber sie garantiert nicht, dass es auch tatsächlich passiert.

Wahrscheinlichkeiten werden oft als Bruchteil oder Prozentsatz ausgedrückt. Wenn zum Beispiel die Wahrscheinlichkeit, dass es morgen regnet, bei 30% liegt, bedeutet das, dass aufgrund der aktuellen Wetterbedingungen und historischen Daten in 30% der ähnlichen Fälle Regen aufgetreten ist.

Es bedeutet jedoch nicht, dass es definitiv regnet oder definitiv trocken bleibt – es gibt lediglich eine Einschätzung darüber, wie wahrscheinlich Regen ist.
Dieses Konzept wird oft missverstanden, insbesondere wenn es um Ereignisse mit sehr hoher oder sehr niedriger Wahrscheinlichkeit geht. Zum Beispiel könnte ein medizinischer Test, der zu 99% genau ist, immer noch in 1% der Fälle ein falsches Ergebnis liefern. Ebenso könnte etwas, das nur eine 1%ige Chance hat, durchaus passieren.

Der Irrtum, Wahrscheinlichkeiten als Gewissheiten zu betrachten, kann zu falschen Erwartungen und Überraschungen führen.

Die Wahrscheinlichkeitstheorie lehrt uns, mit Unsicherheiten umzugehen und gibt uns Werkzeuge an die Hand, um das Eintreten von Ereignissen einzuschätzen, aber sie kann keine absoluten Vorhersagen über die Zukunft machen. Es ist wichtig, sich bewusst zu sein, dass Wahrscheinlichkeit eine Möglichkeit ausdrückt, nicht eine Gewissheit.

DIE GEHEIME MACHT DER ZIFFER 1

Benfords Gesetz, auch bekannt als das Gesetz der ersten Ziffer, ist ein faszinierendes Phänomen in der Mathematik und Statistik, das besagt, dass in vielen realen Datensätzen die Zahlen ungleichmäßig verteilt sind, insbesondere wenn es um die erste Ziffer dieser Zahlen geht. Erstaunlicherweise beginnt eine signifikante Anzahl dieser Zahlen mit der Ziffer 1.

Nach Benfords Gesetz ist die Wahrscheinlichkeit, dass die erste Ziffer einer Zahl eine 1 ist, etwa 30%, deutlich höher als die erwarteten 11,1% (wenn alle Ziffern von 1 bis 9 gleich wahrscheinlich wären). Die Wahrscheinlichkeiten nehmen mit größeren Ziffern ab: die Ziffer 2 erscheint als erste Ziffer etwa 17,6% der Zeit, die Ziffer 3 etwa 12,5%, und so weiter, bis hin zu 9, die nur etwa 4,6% der Zeit als erste Ziffer auftritt. Dieses Muster wurde in einer Vielzahl von Datensätzen beobachtet, einschließlich Finanzberichten, Straßenadressen, Aktienkursen, Bevölkerungszahlen, Todesraten und vielem mehr. Es ist wichtig zu beachten, dass Benfords Gesetz nicht für alle Datensätze gilt, sondern vor allem für solche, die eine breite Streuung von Größenordnungen abdecken.

In der Praxis wird Benfords Gesetz in der Wirtschaftsprüfung und bei der Betrugserkennung eingesetzt. Beispielsweise könnten Buchhaltungsdaten, die signifikant von den Vorhersagen des Gesetzes abweichen, auf Manipulation oder Fälschung hindeuten. Ermittler und Auditoren nutzen dieses Muster, um Unregelmäßigkeiten und verdächtige Aktivitäten in finanziellen Datensätzen zu identifizieren.

Benfords Gesetz ist ein gutes Beispiel dafür, wie mathematische und statistische Prinzipien in realen Anwendungen genutzt werden können, um wichtige Erkenntnisse zu gewinnen und Entscheidungen zu treffen.

TENNISSCHLÄGER IM ANGEBOT

Lassen Sie sich nicht von der Einfachheit täuschen, denn oft verbirgt sich hinter klaren Zahlen eine knifflige Falle. Ein schnelles Kopfrechnen kann verlockend sein, doch die menschliche Intuition stößt hier schnell an ihre Grenzen. Können Sie die Lösung für dieses berühmte Rätsel finden, das selbst erfahrenen Denkern schon einen Streich gespielt hat? Der Inhaber eines Sportgeschäfts wirbt mit folgendem Sonderangebot:

»Tennisschläger und Tennisball im Set für nur 105 €.«

Max fragt den Verkäufer, wie viel denn der Tennisball einzeln kosten würde. Dieser antwortet etwas umständlich:

»Der Schläger kostet 100 € mehr als der Ball.«

Wie viel muss Max also zahlen, wenn er lediglich den Ball kaufen möchte?

Die Antwort lautet 2,50 €. Kostet nämlich der Ball 2,50 €, dann kostet der um einhundert Euro teurere Schläger 102,50 € und das Set zusammen 2,50 € + 102,50 € = 105 €, wie im Schaufenster beworben.

Eine oft auftretende, spontane Antwort ist, dass der Ball 5 Euro kosten würde. Diese beruht auf der naheliegenden Rechnung 105 € – 100 € = 5 €. Der Grund, warum diese Antwort so häufig auftritt liegt daran, dass der in der Fragestellung auftretende Preisunterschied zwar als Differenz interpretiert wird, jedoch werden vorschnell die beiden konkret gegebenen Zahlen verwendet.

Wie man durch Nachrechnen jedoch leicht überprüfen kann, stimmt diese Antwort jedoch nicht. Denn würde der Ball tatsächlich 5 Euro kosten, so würde der Schläger 105 Euro kosten, da er ja 100 Euro teurer ist. Damit käme man also auf einen Gesamtpreis von 5 € + 105 € = 110 €, und nicht 105 €.

FIBONACCIS »LIBER ABACI«

Dieses Buch, geschrieben im Jahr 1202 vom italienischen Mathematiker Leonardo von Pisa, bekannt
als Fibonacci, war ein bahnbrechendes Werk, das
die Art und Weise, wie in Europa gerechnet wurde, tief-
greifend veränderte. Dieses Buch spielte eine zentrale
Rolle bei der Einführung der arabischen Ziffern und des
Dezimalsystems in Europa, was einen erheblichen Einfluss
auf die Mathematik und den Handel hatte.

Bevor »Liber Abaci« erschien, verwendete Europa das römische Zahlensystem, das für komplexe Berechnungen
eher ungeeignet war. Fibonacci, der in seiner Jugend im
mediterranen Handel tätig war und dabei das arabische
Zahlensystem kennenlernte, erkannte die Überlegenheit
dieses Systems im Vergleich zu den römischen Ziffern,
insbesondere in Bezug auf Handels- und Geschäftstransaktionen. Das arabische Zahlensystem, das wir heute
verwenden (0, 1, 2, 3, 4, 5, 6, 7, 8, 9), zusammen mit
dem Dezimalsystem und den Konzepten von Stellenwert
und Null, bot erhebliche Vorteile:

Einfachere Berechnungen: Das arabische System erleichterte Addition, Subtraktion, Multiplikation und
Division erheblich.

Förderung des Handels: Die Vereinfachung der Rechen-
prozesse machte Handels- und Geschäftstransaktionen
effizienter.

Mathematik: Das Dezimalsystem ermöglichte komple-
xere mathematische Berechnungen und war fundamental
für die Entwicklung der modernen Mathematik.

Fibonacci's Lehrbuch stellte diese Prinzipien sowie eine
Vielzahl mathematischer Probleme und Methoden vor und
war eines der ersten umfassenden Lehrbücher der westlichen Welt, das diese fortgeschrittenen mathematischen
Konzepte behandelte.

BERECHNUNG DES OSTERDATUMS

Die Festlegung des Osterdatums mag auf den ersten Blick einfach erscheinen: Es ist der Sonntag nach dem ersten Vollmond, der auf den Frühlingsanfang folgt, eine Regelung, die bereits im Jahr 325 beim Konzil von Nicäa getroffen wurde. Doch damit ist das Problem nur zur Hälfte gelöst. Die eigentliche Herausforderung besteht darin, das genaue Datum für ein bestimmtes Jahr mathematisch zu bestimmen.

Die moderne Berechnung des Osterdatums ist eng mit dem Namen Carl Friedrich Gauß verbunden. Er legte im Jahr 1800 eine Formel vor, die die Bestimmung des Osterdatums stark vereinfachte und bis heute als Meilenstein in der Kalenderrechnung gilt.

Gauß' Interesse an der Osterberechnung entstand aus der Herausforderung, ein mathematisches Problem zu lösen, das jahrhundertelang Gelehrte und Kirchenführer beschäftigt hatte. Sein Ansatz nutzte die Zyklen des Mondes und berücksichtigte die Kalenderkorrekturen des Gregorianischen Kalenders.

Die Osterformel von Gauß nutzt eine Reihe von mathematischen Operationen und ganzzahligen Berechnungen, um das Datum des ersten Vollmonds nach dem Frühlingsäquinoktium zu bestimmen. Die Formel berücksichtigt den so genannten »epakten« Zyklus des Mondes, eine Reihe von Korrekturen, um die Mondphasen mit dem Sonnenjahr zu synchronisieren, und den Metonischen Zyklus.

Das bemerkenswerte an Gauß' Methode war, dass sie zwar komplex in ihrer mathematischen Struktur war, aber eindeutige und zuverlässige Ergebnisse lieferte. Sie ersparte die Notwendigkeit der direkten astronomischen Beobachtung des Frühlingsäquinoktiums und des ersten Vollmonds, was in früheren Zeiten oft die einzige Methode war, um das Osterdatum zu bestimmen.

DIE GOLDENE ZAHL

Als faszinierende und einzigartige Zahl spielt Phi (ϕ) sowohl in der Mathematik als auch in Natur und Kunst eine besondere Rolle. Phi ist eine irrationale Zahl, was bedeutet, dass sie nicht als einfacher Bruch dargestellt werden kann und ihre Dezimaldarstellung weder endet noch sich periodisch wiederholt. Phi wird ungefähr als 1,6180339887... angegeben. Die Goldene Zahl wird oft mit dem Goldenen Schnitt in Verbindung gebracht, einem Verhältnis, das als ästhetisch ansprechend und harmonisch gilt. Sie kann durch folgende Formel berechnet werden:

$$\varphi = \left(1 + \sqrt{5}\right) * \frac{1}{2}$$

Phi und der Goldene Schnitt treten in vielen Bereichen auf:

Natur: Viele natürliche Formen und Wachstumsmuster, beispielsweise in Pflanzen, Schneckenhäusern und sogar bei der Anordnung von Galaxien, folgen dem Goldenen Schnitt.

Kunst und Architektur: Seit der Antike haben Künstler und Architekten das Konzept des Goldenen Schnitts genutzt, um ihre Werke zu gestalten. Viele berühmte Kunstwerke und Gebäude weisen Proportionen auf, die auf Phi basieren.

Fibonacci-Folge: Hierbei nähert sich das Verhältnis aufeinanderfolgender Zahlen, wenn man die Sequenz weiterführt, immer mehr der Goldenen Zahl an. Zum Beispiel ist das Verhältnis von 55 zu 34 etwa 1,618.

Die faszinierende Eigenschaft von Phi liegt in ihrer allgegenwärtigen Präsenz und ihrer Fähigkeit, eine Brücke zwischen Kunst, Natur und Wissenschaft zu schlagen.

DIE ZAHLEN 7 UND 13

Die Zahlen 7 und 13 haben eine reiche kulturelle und symbolische Geschichte, die tief in verschiedenen Traditionen und Glaubenssystemen verwurzelt ist. Ihre Bedeutungen und Assoziationen variieren stark je nach kulturellem Kontext.

Die Zahl 7 wird oft als Glückszahl oder als Zahl mit spiritueller oder mystischer Bedeutung betrachtet. Diese Sichtweise findet sich in vielen verschiedenen Kulturen und Religionen weltweit: Es gibt 7 Tage in der Woche, 7 Weltwunder der Antike, 7 Todsünden sind Beispiele für die Verwendung der Zahl 7 in historischen Kontexten.

Auch in Mythen und Volkserzählungen spielt die Zahl 7 eine besondere Rolle, beispielsweise in Geschichten über sieben Zwerge, sieben Meere oder sieben Weise.

Im Gegensatz zur Zahl 7 wird die Zahl 13 oft als Unglückszahl angesehen, insbesondere in westlichen Kulturen: Die Angst vor der Zahl 13 ist als Triskaidekaphobie bekannt. Sie führt dazu, dass in einigen Gebäuden der 13. Stock ausgelassen oder in Flugzeugen keine Reihe 13 eingerichtet wird.

Ein Freitag, der 13. wird in vielen westlichen Kulturen mit Unglück und Pech in Verbindung gebracht. Es gibt verschiedene Theorien darüber, warum die Zahl 13 als Unglückszahl gilt. Eine Theorie bezieht sich auf das Letzte Abendmahl, bei dem 13 Personen anwesend waren und Judas, der Jesus verraten hat, als 13. Gast galt.

Die symbolische Bedeutung von Zahlen ist ein faszinierendes Beispiel dafür, wie Zahlen über ihre rein mathematische Funktion hinaus kulturelle, religiöse und mythische Bedeutung erlangen können. Diese Bedeutungen sind jedoch stark kulturspezifisch und variieren zwischen verschiedenen Gesellschaften und Glaubenssystemen.

DAS UNMÖGLICHE DREIECK

Als »Unmögliches Dreieck« bekannt, ist das Penrose-Dreieck eine der bekanntesten optischen Täuschungen. Es wurde in den 1950er Jahren von dem britischen Mathematiker und Physiker Sir Roger Penrose entwickelt. Es scheint ein dreidimensionales Objekt zu sein, aber es zeigt räumliche Verbindungen, die in der echten Welt unmöglich sind.

Das Unmögliche Dreieck besteht aus einem scheinbar dreidimensionalen Dreieck, dessen Seiten so gezeichnet sind, dass sie in einem kontinuierlichen Schleifenmuster zu verlaufen scheinen. Jeder Teil des Dreiecks sieht aus, als wäre er mit den anderen Teilen in einer Weise verbunden, die in der dreidimensionalen Realität nicht möglich wäre. Wenn man einer Seite des Dreiecks folgt, scheint sie sich kontinuierlich in die Höhe zu winden, ohne jemals zu einem höchsten Punkt zu kommen.

Diese Art von Figur ist ein Beispiel für eine »unmögliche Figur« oder »unmögliche Konstruktion«, die häufig in der Kunst und in der Untersuchung der menschlichen Wahrnehmung verwendet wird. Solche Figuren sind nicht in der realen Welt umsetzbar, aber sie können auf einem zweidimensionalen Papier oder Bildschirm dargestellt werden, um die Illusion einer realen, dreidimensionalen Struktur zu erzeugen. Das Penrose-Dreieck zeigt eindrucksvoll, wie unsere visuelle Wahrnehmung manipuliert und getäuscht werden kann, und dient als faszinierendes Beispiel für die Komplexität und Grenzen der menschlichen Wahrnehmung.

NEWTON UND DER APFEL

Die Geschichte von Isaac Newton und dem Apfel ist eine der berühmtesten Anekdoten in der Geschichte der Wissenschaft. Es wird erzählt, dass Newton zur Entdeckung des Gravitationsgesetzes inspiriert wurde, als er einen Apfel von einem Baum fallen sah, während er in den 1660er Jahren in seinem Garten in Woolsthorpe Manor, England, saß.

Laut der Legende brachte der Anblick des fallenden Apfels Newton auf die Idee, dass eine Kraft – die Schwerkraft – nicht nur den Apfel zum Boden zieht, sondern auch für die Bewegung der Himmelskörper, wie der Mond um die Erde, verantwortlich ist. Diese Einsicht führte ihn schließlich zur Formulierung des universellen Gravitationsgesetzes, das besagt, dass alle Objekte im Universum sich gegenseitig mit einer Kraft anziehen, die proportional zur Masse der Objekte und umgekehrt proportional zum Quadrat ihres Abstands ist.

Es ist wichtig zu betonen, dass die Geschichte des Apfels wahrscheinlich eher symbolisch ist. Obwohl Newton tatsächlich über Gravitation nachdachte und an einem Ort lebte, an dem Apfelbäume standen, gibt es keine konkreten historischen Belege dafür, dass ein fallender Apfel direkt zu seiner Theorie der Schwerkraft führte.

Die Geschichte illustriert jedoch auf anschauliche Weise, wie alltägliche Beobachtungen zu bedeutenden wissenschaftlichen Entdeckungen führen können.

DER PIZZA-BÄCKER

In seiner Küche steht ein eifriger Hobbybäcker, der seine selbstgemachte Pizza mit akribischer Genauigkeit perfektionieren möchte. Mit einem Teigroller in der Hand und Mehl auf der Schürze, hat er den Teig bereits in einen perfekten Kreis mit Radius z geformt. Nun, bevor er die köstlichen Zutaten darauf verteilt, beschließt er, das Volumen seiner Kreation zu berechnen.

Mit einem Lineal misst er die Höhe a der Pizza, die vom Teigboden bis zur Spitze des Randes reicht. In seinen Gedanken kramt er nach der Formel für das Volumen eines Zylinders, die er aus seinem Mathematikunterricht kennt:

$$V = \pi * z^2 * a$$

In dieser Formel steht:

V ... Volumen des Zylinders
π ... die Kreiszahl Pi
z ... der Radius des Zylinders
a ... die Höhe des Zylinders

Nachdem der Hobbybäcker die Formel etwas genauer betrachtet hatte, bemerkte er, dass sie vereinfacht werden kann:

$$V = Pi * z * z * a$$

Der Hobbybäcker lächelte zufrieden. Das klingt fast wie »Pizza«, dachte er schmunzelnd.

Die Pizza duftete köstlich und schmeckte perfekt. Mit jedem Bissen genoss er seine Kreation, die er mit Liebe zum Detail und seinem mathematischen Wissen zubereitet hatte.

9 KUGELN UND EINE WAAGE

Dieses Rätsel stellt Ihre Fähigkeit zu logischem Denken und Ihren Umgang mit der Balkenwaage auf die ultimative Probe. Um ans Ziel zu gelangen, benötigen Sie eine kluge Strategie und die Fähigkeit, die Ergebnisse der Waage präzise zu deuten. Sie sind stolzer Besitzer von 9 Kugeln. Eine der Kugeln ist etwas schwerer als die anderen 8. Welche Kugel das ist, kann man äußerlich nicht erkennen. Wie finden Sie mit einer Balkenwaage und nur zweimaligem Wiegen heraus welches die schwerere ist?

Lösung: Im ersten Wiegeschritt legen Sie jeweils drei Kugeln auf die beiden Waagschalen.

Erster Fall: Sollte die Waage ausgeglichen sein, wissen Sie, dass die schwerere Kugel unter den drei beiseitegelegten Kugeln ist. Für den zweiten Wiegevorgang legen Sie zwei dieser drei Kugeln auf die Waagschalen (eine links, eine rechts).

Zeigt die Waage nun ein Ungleichgewicht, ist die schwerere Kugel gefunden. Bleibt die Waage im Gleichgewicht, ist die Kugel, die Sie beiseite gelassen haben, die gesuchte schwerere Kugel.

Zweiter Fall: Sollte sich bereits im ersten Wiegeschritt zeigen, dass eine Seite schwerer ist, nehmen Sie die drei Kugeln von dieser schwereren Seite. Für den zweiten Wiegevorgang legen Sie zwei dieser drei Kugeln auf die Balkenwaage (eine links, eine rechts).

Neigt sich die Waagschale zu einer Seite, ist diese Kugel die schwerste. Ist die Waage ausgeglichen, dann muss es sich um die Kugel handeln, die Sie als dritte Kugel beiseite gelegt hatten.

Ganz einfach, oder?

GERMAIN'S PSEUDONYM

Sophie Germain war eine brillante Mathematikerin, die im 19. Jahrhundert in Frankreich lebte. In einer Zeit, in der Frauen der Zugang zu Bildung und wissenschaftlicher Anerkennung stark verwehrt war, musste sie gegen enorme Herausforderungen kämpfen, um ihre Leidenschaft für die Mathematik zu verfolgen.

Um ihre Arbeit der männlich dominierten Welt der Mathematik vorzustellen, nutzte Sophie das Pseudonym »M. Le Blanc«. Sie schickte ihre mathematischen Abhandlungen unter diesem Namen an die angesehene Akademie der Wissenschaften in Paris.

Germains mathematisches Talent blieb unter ihrem Pseudonym nicht unbemerkt. Ihre Arbeiten zur Zahlentheorie und Elastizitätstheorie beeindruckten die Akademiemitglieder, und sie erhielt mehrere Preise für ihre Leistungen.

Im Jahr 1806 wurde Germains wahre Identität gelüftet. Der berühmte Mathematiker Joseph-Louis Lagrange, der von Germains Arbeit unter dem Pseudonym »M. Le Blanc« beeindruckt war, lud sie zu einem Treffen ein. Dort entdeckte er, dass »M. Le Blanc« in Wirklichkeit eine Frau war.

Trotz der anfänglichen Skepsis aufgrund ihres Geschlechts erlangte Sophie Germain durch ihre Beharrlichkeit und ihr Genie schließlich die Anerkennung der Wissenschaftswelt. Sie wurde als eine der bedeutendsten Mathematikerinnen ihrer Zeit anerkannt und ihre Beiträge zur Mathematik haben bis heute Bestand.

Germains Geschichte ist eine Inspiration für alle Frauen, die in der Wissenschaft Fuß fassen möchten. Sie zeigt, dass mit Entschlossenheit und Talent alle Barrieren überwunden werden können.

DAS KEPLER-PROBLEM

Das Problem befasst sich mit der mathematischen Beschreibung der Umlaufbahnen der Planeten im Sonnensystem. Vor Johannes Kepler (1571-1630) war die Annahme vorherrschend, dass die Planetenbahnen perfekte Kreise seien. Kepler konnte jedoch durch akribische Beobachtungen und Berechnungen zeigen, dass die Planetenbahnen elliptische Formen besitzen.

Keplers drei Gesetze:

Gesetz der Ellipsenbahnen: Die Planetenbahnen um die Sonne sind Ellipsen, wobei die Sonne in einem der beiden Brennpunkte der Ellipse steht.

Gesetz der Flächengleichheit: In gleichen Zeitabständen überstreichen die Verbindungslinien zwischen Planet und Sonne gleich große Flächen.

Gesetz der harmonischen Zeiten: Die Quadrate der Umlaufzeiten der Planeten stehen im Verhältnis zu den Kuben ihrer mittleren Abstände von der Sonne.

Keplers Gesetze revolutionierten das Verständnis der Planetenbewegungen und trugen zur Entwicklung der modernen Astronomie bei. Sie zeigten, dass die scheinbar willkürlichen Bewegungen der Planeten durch präzise mathematische Gesetze beschrieben werden können.

Keplers Arbeit inspirierte spätere Generationen von Wissenschaftlern, darunter Isaac Newton, der die Keplerschen Gesetze mit seiner Gravitationstheorie erklären konnte.

HIMMEL ODER HÖLLE

Sie stehen vor zwei Türen, von denen eine in den Himmel und die andere in die Hölle führt. Jede Tür wird von einem Wächter bewacht. Von einem der beiden Wächter ist bekannt, dass er stets die Wahrheit sagt. Der andere Wächter hingegen ist ein notorischer Lügner. Leider sehen sich die beiden Wächter zum Verwechseln ähnlich. Daher lässt sich ohne weiteres nicht sagen, welcher der beiden Wächter der Lügner ist.

Sie möchten natürlich gerne in den Himmel. Welche Tür sollen Sie wählen? Als Hinweis ist es Ihnen erlaubt, einem der beiden Wächter eine (einzige) Frage zu stellen, bevor Sie eine Entscheidung für eine Tür treffen müssen. Wie lässt sich mit nur einer einzigen Frage herausfinden, welche der beiden Türen in den Himmel führt?

Lösung: Eine mögliche Frage lautet: »Welche Tür würde mir der andere Wächter zeigen, wenn ich ihn nach der Tür in den Himmel fragen würde?«

Es spielt keine Rolle, welchen der beiden Wächter Sie fragen. Untersuchen wir beide möglichen Fälle:

Möglichkeit 1: Ehrlicher Wächter
Er zeigt Ihnen die Tür zur Hölle. Denn diese würde Ihnen der andere (lügende) Wächter auf die Frage nach der Himmelstür zeigen. Das gibt der ehrliche Wächter auch wahrheitsgemäß so an.

Möglichkeit 2: Lügender Wächter
Auch er wird Ihnen die Tür zur Hölle zeigen. Denn der andere (ehrliche) Wächter hätte Ihnen eigentlich die Tür zum Himmel gezeigt. Da uns der Lügner aber garantiert anlügt, nennt er die andere Tür, also die Tür zur Hölle.

In beiden Fällen wird Ihnen als Antwort die Tür zur Hölle gezeigt. Sie nehmen dann die andere und sind im Himmel.

DIE ZAHL PI

Pi (π) ist eine der faszinierendsten und wichtigsten Konstanten in der Mathematik. Hier sind einige interessante Fakten und Aspekte von Pi: Sie ist das Verhältnis des Umfangs eines Kreises zu seinem Durchmesser. Egal wie groß der Kreis ist, dieses Verhältnis bleibt immer gleich, und diese Konstante ist Pi.

Irrationale Zahl: Pi ist eine irrationale Zahl, was bedeutet, dass sie nicht als einfacher Bruch ausgedrückt werden kann. Ihre Dezimaldarstellung ist unendlich und ohne erkennbares Muster.

Vorkommen in der Natur und Wissenschaft: Pi taucht in vielen Bereichen der Mathematik und Physik auf, nicht nur in der Geometrie. Es spielt eine Rolle in der Wahrscheinlichkeitsrechnung, in Wellenbewegungen, in der Elektrodynamik und in der Quantenmechanik.

Pi Day: Der 14. März (3/14 im amerikanischen Datumsformat) wird als Pi Day gefeiert, da die ersten drei Ziffern von Pi 3,14 sind. Es ist ein Tag, der oft mit Aktivitäten und Veranstaltungen rund um die Mathematik und insbesondere Pi gefeiert wird.

Historische Berechnungen: Die Berechnung von Pi war ein beliebtes Unterfangen vieler Mathematiker durch die Geschichte hindurch. Die Methoden zur Annäherung an Pi wurden über Jahrhunderte immer weiter verfeinert, von der Geometrie des Archimedes bis zu modernen Algorithmen.

Pi ist nicht nur ein wichtiger Bestandteil der Mathematik, sondern auch ein Symbol für die Schönheit und das Mysterium der mathematischen Welt. Es bleibt ein zentrales Element im mathematischen Studium und ein beliebtes Thema für mathematische Exploration und Forschung.

DER SATZ DES THALES

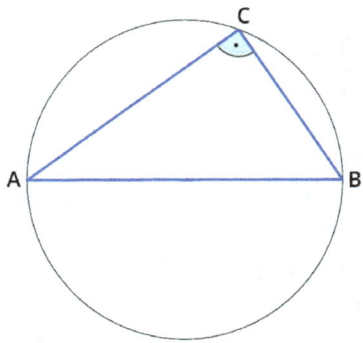

Der Satz des Thales, benannt nach dem griechischen Philosophen und Mathematiker Thales von Milet, ist einer der grundlegenden Sätze der Geometrie und gilt als einer der ersten mathematischen Lehrsätze überhaupt. Dieser Satz hat eine einfache, aber tiefe Aussage über die Eigenschaften von Kreisen und Winkeln:

Satz des Thales: Wenn A, B und C Punkte auf dem Umfang eines Kreises sind und der Durchmesser des Kreises die Strecke AB bildet, dann ist der Winkel bei C ein rechter Winkel.

Stellen Sie sich einen Kreis vor, und zeichnen Sie einen Durchmesser des Kreises. Wählen Sie dann irgendeinen Punkt auf dem Kreisumfang, der nicht auf dem Durchmesser liegt, und verbinden diesen Punkt mit den beiden Enden des Durchmessers. Der dabei entstehende Winkel ist immer ein rechter Winkel.

Der Satz des Thales ist signifikant, weil er eine der ersten bekannten Anwendungen des deduktiven Schließens in der Geometrie darstellt und einen wichtigen Beitrag zur Entwicklung der Mathematik als eine systematische und logisch fundierte Wissenschaft leistet. Thales von Milet, der oft als einer der ersten echten Mathematiker angesehen wird, zeigte mit diesem Satz, wie man allgemeingültige mathematische Prinzipien durch logische Argumentation und ohne Bezugnahme auf Messungen oder empirische Beobachtungen ableiten kann.

In der Geometrie dient der Satz des Thales oft als Ausgangspunkt für weitere theoretische Überlegungen und Beweise.

WISSENSCHAFTLER UNTERWEGS

Auf einer lustigen Bahnfahrt zu einem - Kongress kam es zu einem witzigen Zwischenfall. Beteiligt waren zwei Gruppen – Mathematiker und Physiker. Die Physiker, stets regelkonform, hatten für jeden in ihrer Gruppe ein eigenes Zugticket gekauft. Die Mathematiker hingegen hatten einen sparsameren Plan und teilten sich ein einziges Ticket unter sich.

Während der Fahrt ertönte die Durchsage, dass der Schaffner demnächst zur Kontrolle kommt. Blitzschnell versteckten sich alle Mathematiker in einem WC. Als der Schaffner an die WC-Tür klopfte und nach dem Ticket verlangte, schob einer der Mathematiker das Ticket unter der Tür durch, und der nichtsahnende Schaffner ging zufrieden weiter.

Auf der Rückreise hatten die Physiker sich gedacht: »Was die Mathematiker können, können wir schon lange!« Sie kauften auch nur ein Ticket für ihre gesamte Gruppe. Die Mathematiker hingegen hatten diesmal gar kein Ticket. Als die Ansage kam, dass der Schaffner unterwegs sei, huschten die Physiker schnell in eine Toilette. Die Mathematiker, lässig und mit einem Schmunzeln, schlenderten zu einer anderen Toilette. Kurz bevor der letzte Mathematiker die WC-Tür schloss, klopfte er bei den Physikern an und rief schelmisch: »Ihr Ticket, bitte!«

Die Physiker hatten nicht mit dieser Wendung gerechnet und wurden Opfer ihrer eigenen Strategie, sehr zur Erheiterung der Mathematiker.

DREI PASSAGIERE

In einem kleinen Dorf lebte einst ein kluger und findiger Bauer. Eines Tages stand er vor einer kniffligen Aufgabe: Er musste einen Wolf, eine Ziege und einen Kohlkopf mit seinem kleinen Boot über einen breiten Fluss bringen, um zum Markt auf der anderen Seite zu gelangen.

Das Boot war jedoch klein und konnte außer dem Bauern selbst nur ein Tier oder den Kohlkopf tragen. Um die Sache noch komplizierter zu machen, durfte der Bauer den Wolf nicht mit der Ziege allein lassen, denn der Wolf könnte die Ziege fressen. Ebenso durfte er die Ziege nicht mit dem Kohlkopf allein lassen, da die Ziege sonst den Kohlkopf verspeisen würde.

Nach einigen Momenten des Nachdenkens kam der Bauer auf die brillante Lösung. Zunächst fuhr er mit der Ziege über den Fluss und ließ sie sicher am anderen Ufer zurück. Dann kehrte er alleine zurück, um den Wolf abzuholen. Als er den Wolf auf der anderen Seite abgesetzt hatte, nahm er die Ziege wieder mit zurück auf die ursprüngliche Seite des Flusses. Anschließend überquerte er den Fluss erneut, diesmal mit dem Kohlkopf im Boot. Er ließ den Kohlkopf bei dem Wolf zurück, der keinerlei Interesse an Gemüse hatte, und kehrte ein letztes Mal zurück, um die Ziege zu holen. So erreichte der Bauer sein Ziel, alle drei – den Wolf, die Ziege und den Kohlkopf – sicher und unversehrt über den Fluss und zum Markt zu bringen, ohne dass einer der Passagiere auf dem Weg dorthin zu Schaden kam.

Diese Geschichte zeigt nicht nur die Bedeutung von Problemlösungsfähigkeiten, sondern lehrt auch, wie man mit begrenzten Ressourcen und unter schwierigen Bedingungen vorsichtig und klug umgeht. Es ist ein zeitloses Rätsel, das Generationen von Mathematikbegeisterten gleichermaßen herausfordert und unterhält.

PASCAL AM SPIELTISCH

An den glamourösen Spieltischen des 17. Jahrhunderts, inmitten des Klirrens von Münzen und der flackernden Kerzen, begann die Revolution eines der wichtigsten mathematischen Gebiete. Es war Blaise Pascal, ein junger, brillanter Geist, der vom bloßen Würfelglück zur tiefsten Logik des Zufalls vordrang. Fasziniert von der Unberechenbarkeit des Glücksspiels – sei es beim hitzigen Kartenspiel oder beim Rollen der Würfel – wurde Pascal nicht nur zum Teilnehmer, sondern zum scharfsinnigen Beobachter des Chaos.

Eines Abends, als die Einsätze hoch waren und die Stimmung knisterte, traf Pascal eine bahnbrechende Erkenntnis: Hinter dem scheinbaren Zufall musste ein verborgenes, berechenbares Muster liegen. Er erkannte, dass es eine mathematische Methode geben musste, um die Wahrscheinlichkeit zukünftiger Ereignisse nicht nur zu beschreiben, sondern vorherzusagen.

Was folgte, war einer der aufregendsten wissenschaftlichen Austausche der Geschichte. Pascal korrespondierte intensiv mit dem genialen Mathematiker Pierre de Fermat. Gemeinsam legten sie in ihren Briefen den Grundstein für die moderne Wahrscheinlichkeitstheorie und lösten Probleme, die die Zeitgenossen lange vor ein Rätsel gestellt hatten – wie das berühmte »Problem der Punkte«, das die faire Verteilung von Einsätzen bei einem vorzeitig abgebrochenen Spiel behandelte.

Pascals Arbeit warf einen tiefen Schatten auf die Zukunft. Sie öffnete die Tür für unzählige Anwendungen, von der modernen Statistik und der Ökonomie bis hin zur Komplexität der Quantenmechanik. Die Tatsache, dass die elegante Theorie des Zufalls ihren Ursprung in den sündigen Hallen des Glücksspiels fand, bleibt eine der bemerkenswertesten Wendungen in der gesamten Geschichte der Mathematik.

LERNEN UND PROFIT

In den alten Hallen von Alexandria, einer Wiege des Wissens und der Gelehrsamkeit im antiken Griechenland, lehrte Euklid, der Vater der Geometrie, seine Schüler in den Mysterien der mathematischen Formen und Figuren. Eines Tages, während einer seiner lebhaften gedankenreichen Vorlesungen,

stellte ein junger Schüler, der von der Pracht der Mathematik noch unbeeindruckt war, eine herausfordernde Frage:

»Meister Euklid, welchen praktischen Nutzen hat das Studium der Geometrie?«

Euklid, bekannt für seine Weisheit und seinen scharfen Verstand, verstand sofort, dass der Schüler den wahren Wert des Wissens nicht aus innerem Verlangen nach Erkenntnis, sondern aus dem Wunsch nach materiellem Gewinn suchte. Um dem jungen Mann eine Lektion zu erteilen, die sowohl humorvoll als auch tiefgründig war, wandte er sich an seinen Diener und sagte:

»Gib diesem jungen Mann drei Obolus, denn er muss offensichtlich davon profitieren, etwas zu lernen.«

Euklid vertrat die Ansicht, dass Wissen um seiner selbst willen erstrebenswert ist, eine Idee, die bis heute in akademischen Kreisen Anklang findet. Die Geschichte lehrt uns, dass echtes Verständnis und echte Erkenntnis aus dem Streben nach Wissen und nicht aus dem Streben nach materiellem Gewinn entstehen.

VEDISCHE MATHEMATIK

Die Mathematik des alten Indiens, oft als vedische Mathematik bezeichnet, ist eine faszinierende Tradition, die in den vedischen Schriften verwurzelt ist. Eine der bemerkenswertesten Eigenschaften vedischer Mathematik ist ihre Effizienz und Einfachheit. Die Techniken sind darauf ausgerichtet, komplexe Berechnungen mit Leichtigkeit und Geschwindigkeit durchzuführen, indem sie auf intelligente Weise algebraische Prinzipien und Muster ausnutzen.

Einige der bekanntesten Methoden der vedischen Mathematik umfassen die Vertikal- und Querwerte, Duplation und Mediation, quadratische Gleichungen, lineare Gleichungen, kubische Gleichungen, Transformationen und Manipulationen von Quadraten, Kegelschnitten und vieles mehr. Diese Methoden haben zahlreiche Anwendungen in verschiedenen Bereichen wie Arithmetik, Algebra, Geometrie und sogar in der modernen Informatik.

Ein herausragendes Merkmal der vedischen Mathematik ist ihre intuitive Natur. Anstatt sich auf komplexe Algorithmen und Berechnungen zu verlassen, die oft schwer zu verstehen sind, basieren die vedischen Techniken auf logischen Prinzipien und einfachen Regeln, die leicht zu erlernen und anzuwenden sind. Dies macht sie nicht nur für Mathematiker zugänglich, sondern auch für Schüler jeden Alters und Niveaus.

Darüber hinaus fördert die vedische Mathematik ein tieferes Verständnis für Zahlen und mathematische Konzepte, da sie den Schülern ermöglicht, die Beziehungen zwischen verschiedenen Zahlen und Operationen besser zu erkennen. Dies kann dazu beitragen, das mathematische Denken zu verbessern und das Selbstvertrauen der Schüler im Umgang mit Zahlen zu stärken.

EIN BEISPIEL

Vedische Mathematik, ein System, das auf antiken indischen Schriften basiert, bietet interessante und oft einfachere Methoden, um mathematische Probleme zu lösen. Ein klassisches Beispiel ist die Multiplikation mit Hilfe der »Nikhilam-Methode«, die besonders nützlich ist, wenn die Zahlen nahe an einer Potenz von 10 sind. Dieses Verfahren verwandelt komplexe Rechenaufgaben in simple Subtraktionen und Additionen, wodurch Kopfrechnen erstaunlich schnell und präzise wird.

Nehmen wir zum Beispiel die Multiplikation von 98 und 97.

Beide Zahlen sind nahe an 100, einer Potenz von 10. Die Schritte sind wie folgt:

Subtrahiere jede Zahl von 100:

$$100 - 98 = 2$$
$$100 - 97 = 3$$

Wähle eine der Originalzahlen (z.B. 98) und subtrahiere die Differenz der anderen Zahl (3). Also 98 - 3 = 95. Dies ist der erste Teil des Ergebnisses.

Multipliziere die Differenzen:

$$2 * 3 = 6$$

Das Endergebnis wird durch das Nebeneinanderstellen dieser beiden Ergebnisse gebildet, also 95 und 06, was 9506 ergibt. Daher ist 98 × 97 = 9506.

Diese Methode zeigt, wie vedische Mathematik oft intuitivere und schnellere Wege bietet, um Berechnungen durchzuführen, besonders wenn sie bestimmten Mustern oder Eigenschaften entsprechen.

ENTDECKUNG DES SUDOKU

Das beliebte Rätsel Sudoku, wie wir es heute kennen, ist eine faszinierende Geschichte, die auf einem älteren amerikanischen Puzzle basiert. Ursprünglich erschien das Konzept unter dem Namen »Number Place« in den Vereinigten Staaten. Dieses frühe Sudoku-ähnliche Spiel wurde von Howard Garns, einem pensionierten Architekten und freiberuflichen Puzzleerfinder, kreiert und erstmals 1979 in einer Puzzle-Zeitschrift namens »Dell Pencil Puzzles and Word Games« veröffentlicht.

Die moderne Form von Sudoku wurde jedoch in Japan populär gemacht. Es wurde in den 1980er Jahren von Nikoli, einem japanischen Puzzle-Unternehmen, unter dem Namen »Sudoku« eingeführt, was wörtlich »Ziffern dürfen nur einmal vorkommen« bedeutet. Nikoli änderte einige Regeln (wie die Anzahl der gegebenen Ziffern), was dem Spiel eine größere Balance und Eleganz verlieh. Die Beliebtheit von Sudoku in Japan wuchs schnell, und es wurde zu einem regelmäßigen Bestandteil in Rätselzeitschriften.

Die weltweite Verbreitung von Sudoku begann in den frühen 2000er Jahren. Es erlangte internationale Aufmerksamkeit, als Wayne Gould, ein neuseeländischer Richter im Ruhestand, das Spiel während eines Urlaubs in Japan entdeckte. Er entwickelte eine Software zur schnellen Erzeugung von Sudoku-Rätseln und überzeugte die britische Zeitung »The Times« im Jahr 2004, das Rätsel zu veröffentlichen. Der Erfolg war enorm und Sudoku wurde schnell in zahlreichen Zeitungen und Medien weltweit übernommen.

Sudoku hat sich seither als eines der beliebtesten Logikrätsel etabliert, bekannt für seine einfachen Regeln, aber oft herausfordernden Puzzles. Seine Popularität hat auch zur Entwicklung von zahlreichen Varianten und digitalen Formen geführt.

GÖTTLICHE INSPIRATION

Srinivasa Ramanujan, einer der bemerkenswertesten Mathematiker des frühen 20. Jahrhunderts, hatte eine einzigartige und tief spirituelle Verbindung zur Mathematik. Er war in vielerlei Hinsicht ein Autodidakt und arbeitete in relativer Isolation von der damaligen mathematischen Gemeinschaft. Seine Arbeit umfasst Beiträge zu Bereichen wie Zahlentheorie, unendlichen Reihen, mathematischen Analysen und kontinuierlichen Brüchen.

Ramanujan behauptete oft, dass seine außergewöhnlichen mathematischen Erkenntnisse göttlichen Ursprungs waren. Er war ein tiefgläubiger Hindu und erklärte, dass die hinduistische Göttin Namagiri ihm im Schlaf komplexe mathematische Formeln offenbarte. Diese Visionen spielten eine zentrale Rolle in seinem kreativen Prozess; er fühlte, dass sie ihm halfen, mathematische Wahrheiten zu enthüllen, die für andere verborgen blieben.

Eine der bekanntesten Anekdoten über Ramanujan ist die Geschichte über die Zahl 1729. Als der britische Mathematiker G.H. Hardy ihn in einem Krankenhaus besuchte, erwähnte Hardy, dass die Nummer des Taxis, mit dem er kam (1729), ihm uninteressant erschien. Ramanujan antwortete sofort, dass dies eine sehr interessante Zahl sei, da sie die kleinste Zahl ist, die sich auf zwei verschiedene Arten als Summe von zwei Kubikzahlen darstellen lässt:

$$1729 = 1^3 + 12^3 = 9^3 + 10^3$$

Ramanujans Leben und Arbeit sind ein faszinierendes Beispiel dafür, wie Kreativität und Intuition, kombiniert mit formaler mathematischer Genialität, zu außergewöhnlichen wissenschaftlichen Entdeckungen führen können. Sein Erbe bleibt bis heute in der mathematischen Welt spürbar und inspiriert viele auf der Suche nach tieferem mathematischem Verständnis.

DIE EULERSCHE IDENTITÄT

Leonhard Euler, einer der produktivsten Mathematiker aller Zeiten, formulierte die berühmte Eulersche Identität als eine der schönsten Gleichungen der Mathematik, die fünf fundamentale Konstanten in einer eleganten Beziehung vereint und oft als mathematisches Gedicht bezeichnet wird.

$$e^{i\pi} + 1 = 0$$

Jede dieser Konstanten spielt eine Schlüsselrolle in der Mathematik:

e, die Basis des natürlichen Logarithmus, eine transzendente und irrationale Zahl, die ungefähr 2,71828 beträgt.

i, die imaginäre Einheit, definiert als Quadratwurzel von -1.

π, die Kreiszahl, eine transzendente und irrationale Zahl, die das Verhältnis des Umfangs eines Kreises zu seinem Durchmesser beschreibt und ungefähr 3,14159 beträgt.

Die Zahl 1, die elementare Einheit der Arithmetik.

Die Zahl 0, das grundlegende Element der Zahlenlehre, das Nichts oder das Fehlen einer Menge darstellt.

Die Schönheit dieser Identität liegt in ihrer Einfachheit und der tiefen Verbindung, die sie zwischen verschiedenen Bereichen der Mathematik herstellt, wie Algebra, Analysis, Trigonometrie und komplexe Zahlen.

Trotz ihrer abstrakten Eleganz findet die Eulersche Identität vielfältige praktische Anwendungen, beispielsweise in der Elektrotechnik, Signalverarbeitung und Quantenmechanik, wo sie komplexe Schwingungen und Wellen elegant beschreibt.

UNTERGANG DER RATIONALITÄT

Die Geschichte der Pythagoräer und die Entdeckung irrationaler Zahlen ist eine der bekanntesten Anekdoten in der Geschichte der Mathematik. Die Pythagoräer waren eine antike philosophische und religiöse Bewegung, die von Pythagoras von Samos im 6. Jahrhundert v. Chr. gegründet wurde. Sie glaubten an die perfekte Harmonie und Ordnung in der Natur und waren überzeugt, dass sich alles im Universum durch Verhältnisse natürlicher Zahlen und ihrer Verhältnisse (also durch rationale Zahlen) erklären ließe.

Diese Überzeugung wurde jedoch durch die Entdeckung der irrationalen Zahlen erschüttert, insbesondere durch den Nachweis, dass die Quadratwurzel aus 2 nicht als Verhältnis zweier ganzer Zahlen dargestellt werden kann. Die Entdeckung, die oft Hippasos von Metapont zugeschrieben wird, zeigte, dass es Längen gibt, die sich nicht in Form eines rationalen Verhältnisses ausdrücken lassen – ein direkter Widerspruch zur pythagoreischen Lehre.

Die Legende besagt, dass die Pythagoräer von dieser Entdeckung so bestürzt waren, dass sie Hippasos aus ihrer Gemeinschaft verbannten oder, wie manche Überlieferungen behaupten, ihn sogar ins Meer warfen. Dieses »irrationale Unbehagen« rührte daher, dass die Existenz irrationaler Zahlen das gesamte Weltbild der Pythagoräer in Frage stellte, das auf der Annahme basierte, dass Zahlen die Grundlage für alles im Universum sind.

Diese Geschichte, obwohl möglicherweise mehr mythisch als historisch, unterstreicht die Bedeutung, die die Entdeckung der irrationalen Zahlen für die Entwicklung der Mathematik hatte. Sie markierte einen entscheidenden Wendepunkt im mathematischen Denken und legte den Grundstein für die weitere Erforschung komplexer Zahlen und fortgeschrittenen mathematischen Konzepten.

DAS DIN-A4-FORMAT

Die ungewöhnlichen Maße der bekannten DIN-A-Papiergrößen sind keineswegs willkürlich. Sie basieren vielmehr auf einer mathematischen Regel. Das DIN-AX-Format für Papier stammt aus einem Standardisierungsprozess, der ursprünglich in Deutschland entwickelt wurde und sich später weltweit verbreitete. »DIN« steht für »Deutsches Institut für Normung«, eine Organisation, die Standards für verschiedene Industrien und Prozesse setzt.

Das allseits vertraute DIN-A4-Format weist eine Breite von etwa 210 Millimetern und eine Höhe von 297 Millimetern auf. Aber wie wurden diese Maße bestimmt?

Bei der Standardisierung der Papierformate wählte man als Ausgangspunkt ein rechteckiges Grundformat mit einer Fläche von 1 Quadratmeter: das DIN-A0-Format. Jedes darauffolgende Papierformat in der Reihe sollte genau die Hälfte der Größe des vorherigen Formats haben und ebenfalls rechteckig, genauer gesagt, proportional bleiben. Das bedeutet, das Seitenverhältnis von Breite zu Höhe sollte konstant bleiben.

Eine einfache Verhältnisberechnung zeigt, dass die längere Seite immer das $\sqrt{2}$-fache der kürzeren Seite beträgt. Wenn man ein DIN-A0-Blatt, das 841 x 1189 mm misst, viermal halbiert, ergibt sich daraus die Größe von 210 x 297 mm für das DIN-A4-Format.

Dieses Verhältnis wurde gewählt, weil ein solches Blatt, wenn es in der Mitte gefaltet wird, zwei kleinere Blätter des gleichen Verhältnisses ergibt.

Dies macht das Format sehr praktisch für Bücher, Akten und andere Dokumente, da es die Halbierung und Verdopplung der Blätter ohne Änderung des Seitenverhältnisses ermöglicht.

DER UNENDLICHE AFFE

Das Konzept des »unendlichen Affen« ist ein faszinierendes Gedankenexperiment in der Theorie der Wahrscheinlichkeit und Unendlichkeit. Es basiert auf der Idee, dass ein Affe, der zufällig und unendlich lange auf den Tasten einer Schreibmaschine herumtippt, schlussendlich jedes denkbare Textstück reproduzieren könnte, einschließlich aller Bücher, die jemals geschrieben wurden.

Die Kernidee hinter diesem Gedankenexperiment ist das Gesetz der großen Zahlen. Dieses Gesetz besagt, dass, wenn ein Zufallsexperiment unter identischen Bedingungen unendlich oft wiederholt wird, die relative Häufigkeit eines Ereignisses sich der theoretischen Wahrscheinlichkeit dieses Ereignisses annähern wird. Im Falle des unendlichen Affen impliziert dies, dass, da jede Buchstabenkombination (einschließlich der gesamten Werke Shakespeares oder jedes anderen Buches) eine positive, wenn auch sehr geringe, Wahrscheinlichkeit hat, irgendwann einmal zufällig getippt zu werden, sie in der Theorie der unendlichen Zeitspanne unendlich oft erscheinen wird.

Es sollte betont werden, dass dieses Experiment rein theoretisch ist und in der Praxis nicht realisierbar wäre. Die Wahrscheinlichkeit, dass ein Affe auch nur ein kurzes, sinnvolles Wort oder einen Satz zufällig tippt, ist extrem gering, geschweige denn ganze Bücher.

Die Anzahl der möglichen Kombinationen selbst für einen kurzen Text ist astronomisch hoch, und es würde viele Male länger dauern als das Alter des Universums, um auch nur eine vernünftige Chance zu haben, einen bestimmten Text zu erzeugen. Es zeigt auf eindrucksvolle Weise, wie außerordentlich unwahrscheinliche Ereignisse theoretisch möglich werden, wenn genügend Zeit zur Verfügung steht – ein Paradoxon, das in vielen Bereichen der Mathematik, Physik und Philosophie zum Nachdenken anregt.

DAS PIZZA-THEOREM

In der Welt der Geometrie gibt es ein faszinierendes Phänomen, bekannt als das Pizza-Theorem, das veranschaulicht, wie man eine runde Fläche wie eine Pizza in gleiche Teile schneiden kann, selbst wenn die Schnitte nicht durch den Mittelpunkt verlaufen. Dieses Theorem ist nicht nur eine mathematische Kuriosität, sondern zeigt auch, wie intuitiv unerwartete Ergebnisse in der Geometrie auftreten können.

Um das Pizza-Theorem zu veranschaulichen, stellen wir uns eine Pizza vor, die wir in Stücke schneiden wollen, ohne dabei notwendigerweise vom Mittelpunkt aus zu schneiden. Die grundlegende Idee ist, dass man die Pizza durch eine gerade Anzahl gerader Schnitte teilt, die alle den gleichen Winkel zueinander haben, aber nicht notwendigerweise durch den Mittelpunkt der Pizza gehen müssen.

Das erstaunliche Ergebnis des Pizza-Theorems ist, dass trotz dieser scheinbar unregelmäßigen Art des Schneidens, jeder »Spieler« oder jede Person, die abwechselnd ein Stück nimmt (eines von jedem »Paar« von gegenüberliegenden Stücken), am Ende die gleiche Menge Pizza erhält.

Die Erklärung für dieses Phänomen liegt in der Symmetrie und der geometrischen Anordnung der Schnitte. Obwohl die Schnitte nicht durch den Mittelpunkt gehen, sorgt ihre Anordnung dafür, dass die Flächen der Stücke insgesamt ausgeglichen sind.

Das Pizza-Theorem ist ein schönes Beispiel dafür, wie Mathematik unsere Alltagserfahrungen – in diesem Fall das Teilen einer Pizza – auf unterhaltsame und lehrreiche Weise bereichern kann. Es demonstriert, wie komplexe und unerwartete Muster selbst in den einfachsten geometrischen Formen entstehen können.

DAS MAGISCHE HEXAGON

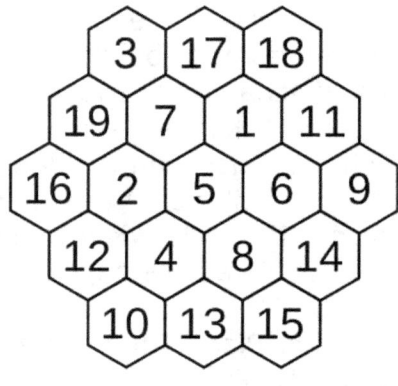

Das magische Hexagon ist ein einzigartiges und faszinierendes mathematisches Phänomen, das dem Prinzip eines magischen Quadrats ähnelt, aber eine hexagonale (sechseckige) Form hat. Bei einem magischen Hexagon werden Zahlen so in einem Hexagon angeordnet, dass die Summen der Zahlen entlang aller Linien, die durch das Hexagon verlaufen, gleich sind. Dieses Konzept erweitert das traditionelle Konzept des magischen Quadrats, bei dem die Summen der Zahlen in jeder Zeile, jeder Spalte und den beiden Hauptdiagonalen gleich sein müssen.

Das bekannteste und bislang einzige Beispiel eines perfekten magischen Hexagons wurde von dem Mathematiker Ernst von Haselberg im Jahr 1887 entdeckt. Es handelt sich um ein Hexagon, das aus kleineren hexagonalen Zellen besteht, und jede Zelle enthält eine Zahl. Die Herausforderung besteht darin, die Zellen so mit Zahlen zu füllen, dass die Summe der Zahlen entlang jeder der drei möglichen Richtungen der Linien durch das Hexagon konstant ist.

Das Haselbergsche magische Hexagon verwendet die Zahlen 1 bis 19 und die Summe entlang jeder Linie beträgt 38. Das Besondere an diesem Hexagon ist, dass es, anders als magische Quadrate, keine gleich großen alternativen Versionen gibt. Die einzigartige Struktur und die speziellen Eigenschaften des magischen Hexagons machen es zu einem interessanten Objekt sowohl für Mathematikliebhaber als auch für professionelle Mathematiker, die sich mit Zahlentheorie und geometrischen Anordnungen beschäftigen.

DIE LÖSUNG IST 4!

Manchmal trügt der erste Blick, besonders wenn eine vermeintlich einfache Mathematikaufgabe eine unerwartete Wendung nimmt. Was auf den ersten Anschein wie eine klare Rechnung aussieht, kann bei genauerer Betrachtung zu einem echten Rätsel werden.

Seien Sie bereit, Ihre Annahmen zu hinterfragen und die verborgenen Feinheiten der Mathematik zu entdecken, denn die Lösung ist nicht immer dort, wo man sie zuerst vermutet.

In der Überschrift steht eine Forderung an die Lösung einer einfachen Matheaufgabe:

$$25 - 5 \div 5$$

Zunächst wenden wir die Regel der Punkt-vor-Strichrechnung an. Dies bedeutet, dass wir zuerst die Division durchführen, bevor wir die Subtraktion angehen. Somit rechnen wir zuerst:

$$5 \div 5 = 1$$

Nun setzen wir dieses Ergebnis in die ursprüngliche Aufgabe

$$25 - 1 = 24$$

Das scheint die richtige Lösung zu sein, stimmt aber nicht mit der Forderung aus der Überschrift überein. Was tun?

Wenn wir die Regel der Punkt-vor-Strichrechnung absichtlich ignorieren, ergibt sich ein anderes Ergebnis. Dieses Mal rechnen wir, ohne die Regel anzuwenden. Das bedeutet, wir führen zuerst die Subtraktion aus:

$$25 - 5 = 20$$

Und dann die Division:

$$20 \div 5 = 4$$

Obwohl wir das gewünschte Ergebnis von 4 erhalten haben, wurde der korrekte mathematische Ansatz der Punkt-vor-Strichrechnung ignoriert, was zu einer fehlerhaften Berechnung führte.

Gibt es noch eine Lösung?

Schauen wir uns die Forderung aus der Überschrift genauer an:

»Die Lösung ist 4!«

Wenn wir das Ausrufezeichen am Ende nicht als Betonung interpretieren, sondern als mathematisches Zeichen für Fakultät, dann ergibt sich:

$$4! = 4 * 3 * 2 * 1 = 24$$

Das entspricht genau unserer ersten Lösung mit richtiger Anwendung der Punkt-vor-Strichrechnung!

Das zeigt, wie unterschiedliche Herangehensweisen in der Mathematik zu völlig verschiedenen, aber jeweils interessanten Ergebnissen führen können. Es verdeutlicht auch die Bedeutung von mathematischen Regeln und Konventionen, die dafür sorgen, dass Ergebnisse einheitlich und nachvollziehbar bleiben.

Diese scheinbar simple Aufgabe führt auf vergnügliche Art vor Augen, dass Mathematik nicht nur exakt, sondern auch unterhaltsam sein kann, und unterstreicht die fundamentale Bedeutung des Verständnisses ihrer Regeln und Prinzipien.

73 IST DIE BESTE ZAHL

Die Aussage, dass die Zahl 73 die »beste Zahl« ist, bezieht sich oft auf eine Szene aus der Fernsehserie »The Big Bang Theory«, in der der Charakter Sheldon Cooper, gespielt von Jim Parsons, die Einzigartigkeit und Besonderheiten dieser Zahl hervorhebt. Laut Sheldon ist 73 die »beste Zahl« aus mehreren Gründen:

73 ist eine Primzahl.

73 ist die 21. Primzahl. 21 = 7 mal 3

Die Spiegelzahl ist die 37. Auch eine Primzahl. Somit ist 73 eine permutierbare Primzahl. 37 ist die 12. Primzahl.

73 im Binärsystem ist 1001001. Ein Palindrom (ein Wort, ein Satz, eine Zahl oder eine Buchstabenfolge, die sich sowohl vorwärts als auch rückwärts gelesen gleich ergibt).

Auch im Oktalsystem (Basis 8) ist die 73 ein Palindrom: Sie wird als 111 dargestellt.

Die Zahl besteht aus 7 Stellen mit 3 Einsen.

7 im Binärsystem ist 111, 3 ist 11, auch Palindrome.

73 im Morse-Alphabet ist --··· ···-- Erneut ein Palindrom.

Diese Aussage wurde übrigens in der 73. Folge der Fernsehserie ausgestrahlt. Zu diesem Zeitpunkt war Sheldon Cooper 37 Jahre alt. Geboren wurde er im Jahr 1973.

TEUFLISCHE ZAHLEN

Belphegor-Zahlen, auch bekannt als Belphegor-Primzahlen, sind eine humorvolle und faszinierende Idee innerhalb der mathematischen Kultur. Sie sind benannt nach dem Dämon Belphegor, einer Figur in der Dämonologie, die oft mit dem Trägheitssünden verbunden ist. Eine Belphegor-Zahl hat eine ganz spezielle Struktur:

Sie ist eine Primzahl, die mit der Zahl 1 beginnt, gefolgt von einer bestimmten Anzahl von aufeinanderfolgenden Nullen, dann einer 666 in der Mitte, gefolgt von der gleichen Anzahl von Nullen und schließlich endend mit einer 1.

Das bekannteste Beispiel einer Belphegor-Zahl ist die folgende 31-stellige Zahl:

10000000000000**666**0000000000000**1**

Hier haben wir 1, gefolgt von dreizehn Nullen, dann 666, und dann wieder dreizehn Nullen, und schließlich endet die Zahl mit 1. Es ist nachgewiesen, dass diese spezielle Zahl eine Primzahl ist.

Die Zahl setzt sich aus 31 Stellen zusammen, wobei jeweils 13 Nullen vor und nach der zentralen 666 angeordnet sind, was sie zu einer Art Spiegelzahl macht.

Belphegor-Zahlen sind ein gutes Beispiel für mathematische Kuriositäten, die zwar keine direkte praktische Anwendung haben, aber dennoch interessante Eigenschaften aufweisen und die Kreativität und den Spaß, den man in der Welt der Zahlen finden kann, zeigen. Sie sind auch ein Beispiel dafür, wie Mathematiker manchmal spielerisch mit Konzepten und Zahlen umgehen, um interessante oder ungewöhnliche Eigenschaften zu entdecken.

WARUM 360 GRAD?

Die Wahl von 360 Grad für den vollen Winkel eines Kreises geht auf die alten Babylonier zurück, die vor über 4000 Jahren lebten. Sie verwendeten ein Zahlensystem, das auf der Basis 60 aufbaute, bekannt als das Sexagesimalsystem. Diese Wahl war vermutlich durch die Bequemlichkeit motiviert, da 60 viele Teiler hat (1, 2, 3, 4, 5, 6, 10, 12, 15, 20, 30, 60), was die Berechnungen und die Aufteilung in kleinere Einheiten erleichterte.

Die Babylonier beobachteten den Himmel und bemerkten, dass sich die Position der Sonne am Himmel in etwa 360 Tagen um einen vollen Kreis bewegt. Diese nahezu perfekte Übereinstimmung zwischen der Anzahl der Tage im Jahr und der Anzahl der Grade in einem Kreis schien kein Zufall zu sein. Sie beschlossen daher, den Kreis in 360 Teile zu unterteilen, wobei jeder Teil einem Grad entsprach, um so eine Harmonie mit ihrem Kalenderjahr zu schaffen.

Diese Entscheidung hatte weitreichende Konsequenzen. Sie wurde von den Griechen übernommen, deren Gelehrte wie Euklid und Archimedes die Grundlagen der Geometrie weiterentwickelten. Später übernahmen die Römer dieses System, und mit der Ausbreitung des Römischen Reiches verbreitete sich auch das Konzept der 360-Grad-Einteilung.

Obwohl es mathematisch bequemer gewesen wäre, einen Kreis in 100 oder 400 Teile zu unterteilen (was mit unseren Dezimal- und Vielfachen-von-10-Systemen übereinstimmen würde), blieb das 360-Grad-System aufgrund seiner historischen Verwurzelung und Praktikabilität in Bezug auf Teilbarkeit bestehen. Die Geschichte der 360-Grad-Einteilung des Kreises ist also ein Beispiel dafür, wie alte Beobachtungen und Entscheidungen noch heute unsere Sichtweise auf die Mathematik und verwandte Wissenschaften prägen.

400-GRAD-VERSUCH

Es gab im 20. Jahrhundert tatsächlich Versuche, das Gradmaß eines Kreises zu ändern und ein System einzuführen, in dem der Kreis 400 Grade anstatt der traditionellen 360 Grade hat. Dieses System wird manchmal als »Zentesimalgrad« oder »Gon« bezeichnet, wobei ein rechter Winkel 100 Grad (anstelle von 90 Grad) entspricht. Dieses System passt besser zum Dezimalsystem, das in vielen anderen Bereichen der Wissenschaft und des täglichen Lebens verwendet wird.

Der Vorteil eines solchen Systems liegt in seiner Vereinbarkeit mit dem Dezimalsystem, was Berechnungen und Umrechnungen vereinfacht. Ein Kreis wird in 400 Einheiten unterteilt, und ein rechter Winkel, der im traditionellen System 90 Grad beträgt, wird zu 100 Einheiten. Dies macht die Multiplikation und Teilung von Winkeln intuitiver, besonders im Zusammenhang mit dezimalbasierten Messungen.

Trotz dieser Vorteile hat sich das 400-Grad-System jedoch nicht weitgehend durchgesetzt.

Die traditionelle Einteilung des Kreises in 360 Grade ist tief in der Mathematik, der Wissenschaft, der Navigation und sogar in der Kultur verankert, was einen Wechsel zu einem neuen System schwierig macht. Die Verwendung von 360 Grad basiert auf einer langen Geschichte und Tradition und wird in vielen Bildungssystemen und professionellen Praktiken weiterhin bevorzugt.

Das 400-Grad-System wird allerdings in einigen spezialisierten Anwendungen verwendet, zum Beispiel in Geodäsie und Landvermessung. In diesen Bereichen kann das dezimale System einige Vorteile bieten. Doch trotz seiner logischen Eleganz konnte das Gon-System die Jahrtausende alte Macht der Babylonier und ihre Sexagesimal-Zahlensysteme, die hinter der 360-Grad-Teilung stehen, nicht brechen.

DAS GEFANGENEN-DILEMMA

Zwei Verdächtige werden getrennt voneinander festgenommen und können nicht miteinander kommunizieren. Jeder hat die Wahl, entweder zu gestehen (den anderen zu verraten) oder zu schweigen (mit dem anderen zu kooperieren). Es gibt drei mögliche Ausgänge:

- Wenn beide schweigen, erhalten beide eine geringe Strafe wegen mangelnder Beweise

- Wenn einer gesteht und der andere schweigt, wird der Geständige freigelassen (als Belohnung für das Geständnis), während der Schweigende eine schwere Strafe erhält

- Wenn beide gestehen, werden beide bestraft, aber die Strafe ist weniger schwer als für den Schweigenden im vorherigen Fall

Das Dilemma entsteht, weil jeder Gefangene versucht, die für sich beste Entscheidung zu treffen, ohne die Entscheidung des anderen zu kennen. Das »rationale« Vorgehen würde dazu führen, dass beide gestehen, da dies aus individueller Sicht die sicherere Option darstellt. Dies führt jedoch zu einem schlechteren Gesamtergebnis im Vergleich zur Situation, in der beide schweigen würden.

Das Gefangenen-Dilemma wird oft verwendet, um Konzepte der Vertrauensbildung, der Zusammenarbeit, des Verrats und des individuellen Eigeninteresses in verschiedenen Kontexten wie Ökonomie, Politik, Ethik und Psychologie zu untersuchen.

Es veranschaulicht, wie komplexe Interaktionen in sozialen, geschäftlichen und politischen Situationen manchmal zu suboptimalen Ergebnissen für alle Beteiligten führen können.

MATHEMATISCHE PRIORITÄTEN

Selbst bei einfachen Rechenaufgaben kann die Reihenfolge der Operationen über das richtige Ergebnis entscheiden. Wir kennen die Regel, dass Punktrechnung vor Strichrechnung geht, doch was passiert, wenn nur Multiplikation und Division beteiligt sind? Diese Herausforderung testet das Fundament unserer mathematischen Konventionen und zeigt, dass selbst bei gleichrangigen Operationen eine klare Priorität gelten muss:

$$40 \div 4 * 3$$

Zuerst die Division oder zuerst die Multiplikation? Oder ist es egal? Rechnen wir beide Möglichkeiten durch:

Zuerst die Division:

$$40 \div 4 = 10$$
$$10 * 3 = 30$$

Zuerst die Multiplikation:

$$4 * 3 = 12$$
$$40 \div 12 = 3,333 \ldots$$

Egal ist es schon mal nicht, denn die Ergebnisse sind verschieden. Welches ist die richtige Lösung?

In der Mathematik gibt es eine grundlegende Regel, die besagt, dass Multiplikations- und Divisionsoperationen die gleiche Priorität haben und daher in der Reihenfolge ausgeführt werden sollten, in der sie von links nach rechts im Ausdruck auftreten. Da Multiplikation und Division dieselbe Priorität haben und die Division zuerst von links nach rechts kommt, führen wir diese Operation zuerst durch. Wir teilen 40 durch 4, was 10 ergibt.

Nun führen wir die Multiplikation durch. 10 multipliziert mit 3 ergibt 30.

DREISATZ NACH ADAM RIES

Adam Ries, ein bedeutender deutscher Mathematiker des 16. Jahrhunderts, war bekannt für seine Arbeiten, die das Rechnen mit arabischen Ziffern im deutschen Sprachraum populär machten. Er verfasste mehrere Rechenbücher, die zur Ausbildung in arithmetischen Methoden beitrugen, darunter auch der Dreisatz.

Dieser ist eine einfache Methode, um proportionale Beziehungen zwischen zwei Mengen oder Werten zu berechnen.

Hier ist ein grundlegendes Beispiel, wie man den Dreisatz nach Adam Ries anwenden könnte:

Beispiel: 5 Äpfel kosten 3 Euro. Wie viel kosten 8 Äpfel?

Verhältnis festlegen: Zuerst stellt man das Verhältnis auf. In diesem Fall: 5 Äpfel kosten 3 Euro.

Einheit berechnen: Dann berechnet man den Wert für eine Einheit. Also, wie viel kostet 1 Apfel? Man teilt die Kosten durch die Anzahl der Äpfel:

$$\frac{3\,Euro}{5} = 0{,}60\;Euro\;pro\;Apfel$$

Gesuchte Menge berechnen: Schließlich multipliziert man den Preis pro Einheit mit der gesuchten Menge. Also, was kosten 8 Äpfel?

$$8 * 0{,}60 = 4{,}80\;Euro$$

So zeigt der Dreisatz, dass 8 Äpfel 4,80 Euro kosten würden.

Dieses Verfahren ist sehr nützlich für proportionale Umrechnungen und wurde in der Zeit von Adam Ries für eine Vielzahl von alltäglichen Berechnungen eingesetzt.

MEISTERHAFTE NEKTAR-JÄGER

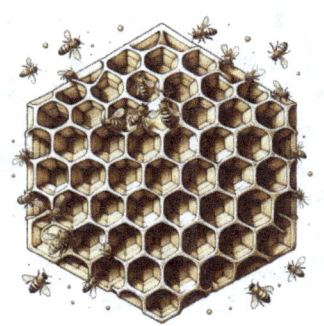

Bienen nutzen ihre Instinkte und genetisch bedingten Baufähigkeiten, um diese optimale Struktur zu schaffen, die sowohl platzsparend als auch strukturell stabil ist.

Die sechseckige Form der Zellen in Bienenwaben ist ein faszinierendes Beispiel für natürliche Effizienz und mathematische Präzision. Es gibt mehrere Gründe, warum Bienen diese spezielle Form wählen:

Maximale Effizienz: Sechseckige Zellen nutzen den vorhandenen Raum optimal. Im Vergleich zu anderen Formen wie Quadraten oder Dreiecken bieten Sechsecke die beste Möglichkeit, eine ebene Fläche ohne Lücken zu bedecken. Das bedeutet, dass Bienen mit möglichst wenig Wachs die größtmögliche Anzahl an Zellen bauen können.

Strukturelle Stärke: Sechsecke sind nicht nur raum- und materialsparend, sondern bieten auch eine hohe strukturelle Stabilität. Die sechseckige Struktur hilft dabei, das Gewicht der Bienen und des Honigs zu tragen, ohne dass die Waben zusammenbrechen.

Mathematische Effizienz: Mathematisch gesehen ist das Sechseck die effizienteste Form für die Erstellung eines gitterartigen, flächendeckenden Musters. Die Winkel in den Ecken eines Sechsecks betragen genau 120 Grad, was zur Gleichmäßigkeit der Struktur beiträgt.

Die sechseckige Form der Bienenwaben ist ein herausragendes Beispiel für die »Ökonomie der Natur«, bei der biologische Prozesse darauf ausgerichtet sind, mit minimalem Aufwand maximalen Nutzen zu erzielen.

BERNOULLIS LETZTE KURVE

Die Geschichte von Jacob Bernoulli und seiner Spirale auf dem Grabstein ist eine faszinierende Anekdote aus der Welt der Mathematik und illustriert die Verbindung zwischen mathematischer Leidenschaft und menschlichem Schicksal. Jacob Bernoulli, ein Mitglied der berühmten Basler Gelehrtenfamilie Bernoulli und ein herausragender Mathematiker des 17. und frühen 18. Jahrhunderts, war besonders fasziniert von der logarithmischen Spirale, einer speziellen Kurve, die in der Natur häufig vorkommt und einige bemerkenswerte mathematische Eigenschaften hat.

Bernoullis Faszination für die logarithmische Spirale ging so weit, dass er sich wünschte, eine solche Spirale würde seinen Grabstein zieren. Sein Wunsch war, dass dieser besondere mathematische Gegenstand, der seine Arbeit und sein Interesse symbolisierte, Teil seines letzten Ruheplatzes werden sollte. Die Inschrift »EADEM MUTATA RESURGO« (»Verwandelt kehre ich als dieselbe zurück«) sollte dabei die selbstähnliche Natur der logarithmischen Spirale repräsentieren: Obwohl die Spirale sich ausdehnt, behält sie ihre Form bei.

Doch hier nahm die Geschichte eine ironische Wendung. Als Bernoulli 1705 verstarb und sein Grabstein gemeißelt wurde, wurde anstelle der gewünschten logarithmischen Spirale eine Archimedische Spirale eingraviert. Diese Art von Spirale hat im Gegensatz zur logarithmischen Spirale gleichmäßige Abstände zwischen den Windungen, was einen deutlichen Unterschied darstellt. Der Steinmetz, der den Grabstein herstellte, war möglicherweise nicht vertraut mit den subtilen mathematischen Unterschieden zwischen diesen beiden Spiralformen. Die Vorstellung, dass sich Bernoulli in seinem Grab umdrehen würde, rührt von der Ironie her, dass seine letzte Ruhestätte von einem Fehler in der Darstellung eines mathematischen Konzepts geprägt ist, das ihm so am Herzen lag.

OBJEKTBEZOGENE ZAHLWORTE

Gibt es verschiedene Namen für dieselbe Zahl, je nachdem, auf welche Gegenstände sie sich bezieht? In unserer alltäglichen Erfahrung, ob wir nun drei Äpfel oder drei Birnen zählen, verwenden wir immer das gleiche Wort »drei«. Aber in einigen alten Sprachen des Pazifiks war das nicht der Fall. Diese Sprachen, die man als objektbezogene Sprachen bezeichnet, verwendeten unterschiedliche Worte für dieselbe Zahl, abhängig vom Kontext der gezählten Objekte.

Für uns mag es ungewohnt sein, dass eine Zahl je nach dem gezählten Objekt unterschiedliche Bezeichnungen hat. Wir zählen generell abstrakt und unabhängig vom Objekt.

Dennoch entdeckte man auf einigen Pazifikinseln Sprachen, in denen dies gang und gäbe war. Zum Beispiel wurden auf Fidschi für die Zahl »einhundert« verschiedene Begriffe verwendet, je nachdem, ob man Kokosnüsse oder Kanus zählte. In einigen dieser Sprachen gab es nur Bezeichnungen für die Zahlen eins bis fünf, was vor einigen tausend Jahren für alltägliche Zwecke ausreichend war. Das Zählen erfolgte anhand der fünf Finger.

Obwohl einige dieser alten Sprachen heute noch gesprochen werden, hat sich die spezifische objektbezogene Zählweise nicht erhalten. In der modernen Nutzung dieser Sprachen wird für die gleiche Anzahl von Objekten unabhängig von ihrer Art dasselbe Zahlwort verwendet.

MATHE-MILLIONÄR?

Mathematik kann tatsächlich zu Reichtum führen – zumindest für diejenigen, die eines der berühmten sieben Millenniumsprobleme lösen. Diese Herausforderungen, jeweils dotiert mit einem Preisgeld von einer Million Dollar, wurden im Jahr 2000 vom Clay Mathematics Institute, gegründet von einem wohlhabenden Amerikaner, als die Millenniumsprobleme ausgerufen.

Wer es schafft, eines dieser Probleme zu lösen, kann sich über eine Million Dollar freuen. Das älteste dieser Probleme, die berühmte Riemannsche Vermutung, stammt aus dem 19. Jahrhundert.

Die übrigen Probleme sind neueren Datums. Diese mathematischen Herausforderungen sind äußerst komplex und ihre Auswahl wurde bis zu einem gewissen Grad subjektiv getroffen. Sie decken verschiedene Gebiete der Mathematik ab und sind so kompliziert formuliert, dass sie nur von Experten verstanden werden.

Eine der sieben Aufgaben wurde bereits als gelöst betrachtet – seit 2006 gilt die Poincarésche Vermutung als bewältigt.

Doch ob das Preisgeld wirklich ausgezahlt wurde, ist fraglich.

Der russische Mathematiker Grigori Perelman, der sie gelöst haben soll, lehnte das Preisgeld ebenso ab wie die Fields-Medaille, die prestigeträchtigste Auszeichnung in der Mathematik.

MATHEMATIK IM RÖMERREICH

Waren die Alten Römer in Mathematik unbeholfen? Selten wird ein römischer Mathematiker namentlich erinnert oder ein mathematischer Lehrsatz aus der römischen Epoche zitiert. Liegt das daran, dass die Römer wenig Interesse an der Mathematik hatten?

Diese Annahme liegt nahe, wenn man bedenkt, dass berühmte Mathematiker wie Archimedes, Euklid und Pythagoras aus dem antiken Griechenland stammen, während römische Mathematiker in den Geschichtsbüchern kaum erwähnt werden.

Die Römer hatten einen eher pragmatischen Ansatz zur Mathematik. Sie waren weniger an strengen mathematischen Beweisen interessiert als vielmehr an der praktischen Anwendbarkeit der Mathematik.

Griechische mathematische Erkenntnisse, die sie häufig übernahmen, waren für die Römer vor allem dann von Bedeutung, wenn sie für ihre monumentalen Bauvorhaben wie Aquädukte, Viadukte und Arenen oder im militärischen Bereich für Katapulte und Hebewerkzeuge nutzbar waren.

Für theoretisch anspruchsvolle mathematische Probleme verließen sich die Römer oft auf griechische Gelehrte. In Sachen Theorie stießen sie schnell an die Grenzen ihres eigenen Wissens – oder, wie man sagen könnte, waren sie »mit ihrem Latein am Ende«.

WARUM GERADE X?

arum hat sich das »x« als Lieblingsbuchstabe der Mathematiker etabliert, wenn es um das Lösen von Gleichungen geht? Dieses kleine Symbol ist in der Mathematik allgegenwärtig, besonders wenn es darum geht, Unbekannte zu repräsentieren, wie in der Gleichung $2x + 1 = 7$. Aber warum ausgerechnet das »x«?

Die Geschichte des »x« als Symbol für die Unbekannte in mathematischen Gleichungen ist sowohl historisch als auch sprachlich begründet.

Ursprünglich befassten sich arabische Mathematiker intensiv mit Gleichungen und nannten die unbekannte Größe »Sache« oder »schai«, abgekürzt »sch«. Das arabische Alphabet enthält jedoch kein »x«. Als die Algebra, die Kunst des Gleichungslösens, sich unter dem arabischen Einfluss in Spanien verbreitete, wurde das arabische »sch« im altspanischen Alphabet als »x« dargestellt. So fand das »x« seinen Weg in die Mathematik.

In Wirklichkeit könnte für die unbekannte Größe in einer Gleichung jeder beliebige Buchstabe oder jedes beliebige Symbol verwendet werden. Die Wahl des »x« ist in diesem Sinne willkürlich – oder besser gesagt, x-beliebig.

Doch durch diese geschichtliche Entwicklung und weitverbreitete Konvention hat sich das »x« als Standardzeichen für die Unbekannte in der Mathematik etabliert.

DER OPTIMALE SPRUNG

In einer Welt, in der Mathematik und Sport aufeinandertreffen, erzählt die Geschichte des Skaters eine faszinierende Parabel – und das im wahrsten Sinne des Wortes. Wenn ein Skater seinen beeindruckenden Sprung macht, vollführt er unbewusst eine mathematische Kurve durch die Luft, die perfekt einer Parabel entspricht.

Stellen Sie sich einen Skater vor, der sich für seinen großen Sprung bereit macht. In dem Moment, in dem er abspringt und durch die Luft wirbelt, zeichnet seine Flugbahn eine Parabel in den Himmel. Diese Bewegung, so kunstvoll sie auch erscheinen mag, kann mathematisch durch die Funktion F(t) dargestellt werden, wobei »t« für die Zeit steht.

Während der Skater aufsteigt, ist die Ableitung der Funktion F(t) – das bedeutet die Steigung der Kurve – positiv. Der Skater gewinnt an Höhe. Der atemberaubendste Teil kommt, wenn er den Höhepunkt seines Sprungs erreicht. In diesem Moment ist die Ableitung null; der Skater befindet sich für einen kurzen, schwebenden Augenblick in der Luft, bevor die Schwerkraft ihn wieder nach unten zieht. Jetzt beginnt der absteigende Teil der Parabel. Die Ableitung wird negativ, und der Skater fällt schneller als er aufgestiegen ist. Es ist das Prinzip der Schwerkraft in Aktion, das den Skater schneller zur Erde zurückbringt, als er aufgestiegen ist.

Der tatsächliche Höhenunterschied zwischen seinem Absprung und der Landung ist das, was Mathematiker als das Integral der Steigung über die Zeit bezeichnen. Dieses Konzept ist ein Kernstück der Differenzial- und Integralrechnung – dem Hauptsatz, der die Verbindung zwischen der Ableitung und dem Integral, zwischen der Steigung einer Kurve und dem Flächeninhalt unter der Kurve herstellt.

ALAN TURING UND DER APFEL

Die Geschichte von Alan Turing und dem Apfel ist eine tragische und gleichzeitig symbolträchtige Episode im Leben eines der brillantesten Köpfe des 20. Jahrhunderts. Alan Turing, oft als der »Vater der modernen Informatik« bezeichnet, spielte eine entscheidende Rolle bei der Entschlüsselung der Enigma-Chiffre während des Zweiten Weltkriegs und legte die Grundlagen für die moderne Computertechnologie und künstliche Intelligenz.

Turing war bekannt für seine außergewöhnliche Intelligenz und seine unkonventionellen Denkweisen, aber auch sein Privatleben war von Komplexität und Herausforderungen geprägt. Er war homosexuell zu einer Zeit, als dies in Großbritannien noch illegal war, und seine sexuelle Orientierung führte schließlich zu seiner strafrechtlichen Verfolgung.

Interessanterweise hatte Turing eine besondere Affinität zum Märchenfilm »Schneewittchen und die sieben Zwerge«, insbesondere zur Szene, in der Schneewittchen in einen vergifteten Apfel beißt. Diese Szene soll einen tiefen Eindruck bei ihm hinterlassen haben.

Im Jahr 1954 wurde Turing tot in seinem Bett aufgefunden. Neben ihm lag ein halb gegessener Apfel, der, wie vermutet wird, mit Cyanid vergiftet war. Obwohl sein Tod offiziell als Selbstmord eingestuft wurde, bleibt die genaue Umständlichkeit umstritten und Gegenstand verschiedener Theorien. Einige glauben, dass der vergiftete Apfel eine Anspielung auf die Szene aus »Schneewittchen« war, eine Art poetische Geste oder symbolischer Abschied.

Trotz seines tragischen Endes bleibt Turings Erbe unübertroffen. Seine Beiträge zur Mathematik und Informatik, insbesondere zur Entwicklung der Turing-Maschine und zur Konzeptualisierung von Algorithmen und Rechenmaschinen, bilden das Fundament der heutigen Computertechnologie.

DIE ERSTE PROGRAMMIERERIN

Ada Lovelace, geboren als Augusta Ada Byron im Jahr 1815, ist eine der faszinierendsten Figuren in der Geschichte der Computerwissenschaften und wird oft als die weltweit erste Programmiererin angesehen. Ihre Geschichte ist umso bemerkenswerter, da sie in einer Zeit lebte, in der die Rollen und Möglichkeiten für Frauen stark eingeschränkt waren.

Ada war die Tochter des berühmten Dichters Lord Byron und seiner Frau Annabella Milbanke, einer Mathematikerin und Aktivistin für Frauenbildung. Ada erbte die literarische Sensibilität ihres Vaters und die mathematische Neigung ihrer Mutter. Ihr Interesse an Mathematik und Logik wurde in einer Zeit, in der dies für Frauen unüblich war, intensiv gefördert. Ihr bedeutendster Beitrag zur Computerwissenschaft geschah durch ihre Zusammenarbeit mit Charles Babbage, einem Mathematiker und Ingenieur, der als Pionier der Computertechnologie gilt. Babbage entwarf die Analytical Engine, eine frühe Form des mechanischen Computers. Lovelace wurde auf Babbages Arbeit aufmerksam und begann, mit ihm zusammenzuarbeiten.

Ihr größter Durchbruch kam, als sie gebeten wurde, eine Abhandlung des italienischen Ingenieurs Luigi Federico Menabrea über die Analytical Engine ins Englische zu übersetzen. Lovelace tat nicht nur das, sondern ergänzte die Übersetzung um eigene Anmerkungen, die länger waren als der ursprüngliche Artikel. In diesen Anmerkungen beschrieb sie, wie Codes für die Maschine entwickelt werden könnten, um komplexe mathematische Probleme zu lösen. Sie schrieb das, was heute als das erste Computerprogramm gilt – einen Algorithmus, der von einer Maschine ausgeführt werden soll.

Trotz ihres frühen Todes im Alter von nur 36 Jahren hinterließ Ada Lovelace ein Erbe, das die Entwicklung der Computerwissenschaften und Programmierung nachhaltig beeinflusst hat.

DAS GEBURTSTAGS-PARADOXON

Wie viele Personen müssen in einem Raum sein, damit die Wahrscheinlichkeit, dass mindestens zwei von ihnen am selben Tag Geburtstag haben, größer als 50 % ist? Die meisten Menschen würden intuitiv schätzen, dass es dafür eine große Anzahl von Personen braucht. Die überraschende Antwort ist jedoch:

Es reichen bereits 23 Personen aus, um eine Wahrscheinlichkeit von über 50 % zu haben, dass mindestens zwei Personen am selben Tag Geburtstag haben. Warum ist das so?

Die Wahrscheinlichkeit, dass zwei Personen am selben Tag Geburtstag haben, ist zwar relativ gering, aber mit steigender Anzahl der Personen steigt auch die Anzahl der möglichen Paare.

Dies lässt sich leicht mit Mathematik berechnen.

Die Formel lautet:

$1 - (365!/((365-n)!n!))$

Wobei n die Anzahl der Personen im Raum ist.

365 die Anzahl der Tage im Jahr (ohne Schaltjahre)
Wenn wir diese Formel für n = 23 einsetzen, erhalten wir eine Wahrscheinlichkeit von ca. 50,73 %.

Das bedeutet, dass es in einer Gruppe von 23 Personen mehr als 50 % Wahrscheinlichkeit gibt, dass mindestens zwei Personen am selben Tag Geburtstag haben.

Das Geburtstagsparadoxon zeigt, wie wichtig es ist, Wahrscheinlichkeiten nicht intuitiv zu schätzen, sondern mit Hilfe von Mathematik zu berechnen.

ZAHLEN UND SEITENSPRÜNGE

Ein sehr angesehener Mathematik-Professor hinterließ eines Tages auf dem Küchentisch einen Brief an seine Ehefrau. Darin erklärte er sachlich: »Liebe Ehefrau, wie du weißt, haben wir beide das Alter von 54 Jahren erreicht und es gibt bestimmte Bedürfnisse, die du leider nicht mehr erfüllen kannst. Ich

schätze dich sehr und bin froh, dich an meiner Seite zu haben. Ich möchte dich nicht verletzen, aber während du diese Zeilen liest, verbringe ich meine Zeit im Grand-Hotel mit meiner 18-jährigen Assistentin. Ich plane, vor Mitternacht zurückzukehren. Mit freundlichen Grüßen, dein Ehemann.«

Der Professor, der sich seiner logischen Erklärung sicher war, kehrte später am Abend nach Hause zurück. Zu seiner Überraschung fand er in seinem Büro einen Antwortbrief von seiner Frau vor.

Sie schrieb:

»Lieber Ehemann, auch du bist mit deinen 54 Jahren nicht mehr in der Blüte deiner Jahre. Während du diese Zeilen liest, befinde ich mich im Palast-Hotel mit unserem 18-jährigen Postboten. Als Mathematiker wirst du sicherlich schnell erkennen, dass die Zahl 18 weitaus häufiger in 54 passt, als umgekehrt. Daher erwarte mich heute Nacht nicht zu Hause. Mit besten Grüßen, deine Frau.«

COOLER MATHE-TRICK ZUM SCHLUSS

Lassen Sie uns in die faszinierende Welt der Zahlen-magie eintauchen, bei der reine Logik wie Zauberei wirkt. Sie werden sehen, wie ein einfacher Trick, basierend auf einer Eigenschaft der Zahl 9, Ihnen erlaubt, Gedanken zu lesen. Wetten Sie, dass Sie die eine Ziffer, die Ihr Gegenüber heimlich gestrichen hat, mühelos erraten können! Sie sagen zu jemandem mit einem Taschenrechner:

»Denke dir bitte eine Zahl mit beliebig vielen Stellen aus. Schreibe sie auf einen Zettel, aber zeige sie mir nicht.«

»Nun multipliziere diese Zahl mit 9. Das Ergebnis unter die ausgedachte Zahl schreiben.«

»Streiche jetzt eine beliebige Zahl aus dem Ergebnis.«

»Nenne mir die übrig gebliebenen Zahlen in beliebiger Reihenfolge.«

Sie denken kurz nach und nennen die gestrichene Zahl. Ihr Gegenüber wird Sie erstaunt anschauen. Wie machen Sie das? Nehmen wir ein Beispiel:

Ausgedachte Zahl: 2431

$$2431 * 9 = 21879$$

Nun eine beliebige Zahl streichen, zum Beispiel die »7«. Übrig bleibt: 2189

Genannt wird Ihnen die Zahlenfolge: 9-1-8-2

Sie bilden im Kopf die Quersumme der genannten Zahlen:

$$9 + 1 + 8 + 2 = 20$$

Suchen Sie nun den nächsten Multiplikator von 9 zu der

Quersumme: Hier die 9er Reihe: 9, 18, 27, 36, 45 usw.

Die Quersumme ist 20. Der nächste Multiplikator der 9 ist 27. Nun subtrahieren Sie die Quersumme von diesem Multiplikator.

$$27 - 20 = 7$$

Diese Zahl wurde durchgestrichen und Sie nennen sie.

Verstanden? Ok, noch ein Beispiel:

Ausgedachte Zahl: 38417

$$38417 * 9 = 345753$$

Nun eine beliebige Zahl streichen, zum Beispiel eine »5«.

Übrig bleibt: 34573

Genannt wird dir die Zahlenfolge: 3-3-5-7-4

Du bildest im Kopf die Quersumme der genannten Zahlen:

$$3 + 3 + 5 + 7 + 4 = 22$$

Suche nun den nächsten Multiplikator von 9 zu der Quersumme: Hier die 9er Reihe: 9, 18, 27, 36, 45 usw.

Die Quersumme ist 22. Der nächste Multiplikator der 9 ist 27.

Nun subtrahieren Sie die Quersumme von diesem Multiplikator.

$$27 - 22 = 5$$

Die Zahl 5 wurde gestrichen!

LESEN. BEWERTEN. VERBESSERN!

Vielen Dank von Herzen, dass Sie sich die Zeit genommen haben, dieses Buch bis zur letzten Seite zu begleiten. Ihre Entscheidung, meine Arbeit zu lesen, ist das schönste Kompliment, das ich als Autor erhalten kann. Ihre Unterstützung ist der wahre Antrieb hinter meiner Arbeit!

Ich hoffe aufrichtig, dass diese Reise durch die Seiten Ihnen genau das gebracht hat, was Sie gesucht haben – sei es tiefe Freude, spannendes neues Wissen oder wertvolle Inspiration für Ihren Alltag.

»Warum Ihre Bewertung den Unterschied macht«

Wenn Ihnen dieser Inhalt gefallen und Sie gut unterhalten oder informiert hat, möchte ich Sie heute um einen kleinen Gefallen bitten, der für mich persönlich von unschätzbarem Wert ist: Nehmen Sie sich bitte zwei Minuten Zeit für eine ehrliche Bewertung auf Amazon.

Für unabhängige Autorinnen und Autoren wie mich ist eine Rezension weit mehr als nur eine Zahl. Sie ist Gold wert, denn sie fungiert als wichtigster Wegweiser für neue Leser.

Ihre positive Rückmeldung signalisiert der Welt, dass dieses Buch lesenswert ist und hilft dem Amazon-Algorithmus, meine Werke Menschen vorzuschlagen, die genau wie Sie auf der Suche nach fesselndem Lesestoff sind. Sie tragen direkt dazu bei, dass meine Geschichten und Themen gehört werden.

Mit Ihrer Bewertung helfen Sie nicht nur mir, sondern ermöglichen auch anderen, dieses Buch zu entdecken und zu genießen. Sie ist die Brücke zwischen meinem Buch und seinem nächsten Leser.

Und so geht's:

1. Loggen Sie sich in Ihr Amazon Account ein
2. Navigieren Sie zu »Ihre Bestellungen«
3. Suchen Sie die Bestellung zu diesem Buch
4. Klicken Sie auf »Schreiben Sie eine Produktrezension«

Oder schnell und einfach zur Rezension

Es dauert nur einen Moment: Scannen Sie bitte den QR-Code, um direkt bei Amazon eine kurze Rezension für dieses Buch zu hinterlassen.

Vielen   Dank!

Lindsay Moon

BUCHSERIE »UNNÜTZES WISSEN«

Hand aufs Herz: Wie oft haben Sie beim Lesen dieses Buches innegehalten und gedacht: »Das gibt es doch gar nicht!«? Genau dieses Gefühl des Staunens ist es, was uns antreibt. Sie haben gerade einen tiefen Einblick in die Kuriositäten und Wunder unserer Welt erhalten – doch wir versprechen Ihnen: Das war erst die Spitze des Eisbergs.

Meine gesamte Buchreihe »Unnützes Wissen« ist eine einzige Hommage an die Neugier. Ich jage unermüdlich nach den spannendsten Fakten, den unglaublichsten Rekorden und den schrägsten Geschichten aus allen erdenkbaren Wissensbereichen. In jedem weiteren Buch dieser Serie wartet eine völlig neue Mischung an Aha-Momenten auf Sie, die Ihren Geist wachhalten und Sie immer wieder aufs Neue überraschen werden.

Bleiben Sie ein Entdecker! Mit jedem Buch dieser Reihe sammeln Sie nicht nur faszinierendes Wissen, sondern auch den perfekten Stoff für gute Gespräche und Momente des gemeinsamen Lachens. Das Universum der verblüffenden Fakten ist grenzenlos – und ich habe es mir zur Aufgabe gemacht, Ihnen die besten Stücke daraus zu präsentieren. Welches Wissensgebiet darf Sie als Nächstes verzaubern? Ihre Entdeckungsreise ist noch lange nicht zu Ende – hier finden Sie weiteren Nachschub für Ihre Neugier:

Neugierig geworden?

Scannen Sie bitte den QR-Code, um die anderen spannenden Titel der Buchreihe »Unnützes Wissen« auf Amazon zu entdecken.

BUCHREIHE »BEWUSST LEBEN«

Es ist ein wunderbares Privileg, neugierig zu sein. Sie haben gerade eine Reise durch verblüffende Fakten und kuriose Erkenntnisse hinter sich gebracht und dabei gespürt, wie viel Freude es macht, den eigenen Horizont zu erweitern. Doch es gibt ein Wissensgebiet, das mindestens genauso spannend ist wie die Wunder der Welt: Ihr eigenes Leben und persönliches Wohlbefinden.

Wenn Sie die Neugier, die Sie als Leser meiner Wissensbücher auszeichnet, auf Ihren eigenen Alltag übertragen möchten, ist meine Buchreihe »Bewusst Leben« die ideale nächste Station für Sie. Während meine Faktenbücher den Geist unterhalten, bieten Ihnen diese Ratgeber die Werkzeuge, um Ihr Leben aktiv, gesund und erfüllt zu gestalten.

Ich glaube, dass Wissen erst dann seine volle Kraft entfaltet, wenn es uns hilft, glücklicher und bewusster zu leben. Ob mentale Klarheit, körperliche Balance oder eine neue Sichtweise auf alltägliche Herausforderungen – diese Serie liefert Ihnen die notwendigen Anleitungen für eine höhere Lebensqualität. Tauschen Sie für einen Moment das Staunen über die Ferne gegen konkrete Impulse für Ihr Hier und Jetzt. Sie haben es in der Hand, Ihr Leben genauso faszinierend zu gestalten wie die Fakten in meinen Büchern. Erfahren Sie, wie Sie Ihr Leben mit bewussten Entscheidungen bereichern können:

Neugierig geworden?

Scannen Sie bitte den QR-Code, um die anderen spannenden Titel der Buchreihe »Bewusst Leben« auf Amazon zu entdecken.

LINDSAY MOON: DIE FAKTENJÄGERIN

Die Autorin ist eine unverbesserliche Neugierige. Sie liebt es, die Welt zu verstehen – von der Funktionsweise des menschlichen Gehirns über die großen Ereignisse der Vergangenheit bis hin zu den kleinen, erstaunlichen Gesetzen der Natur. Ihre Bücher sind für alle, die das Gefühl lieben, plötzlich etwas Neues und Faszinierendes gelernt zu haben. Genau diese Begeisterung für das Detail ist ihr Antrieb.

Ihre Stärke liegt darin, dass sie riesige Mengen an Informationen sichtet und das Wirklich-Wichtige herausfiltert. Denn seien wir ehrlich: Das Wissen dieser Welt passt längst nicht mehr in ein einzelnes Regal. Um all die Fakten aus Mathematik, Chemie oder Astronomie zu durchforsten, hat Lindsay einen klugen Helfer. Die Künstliche Intelligenz spielt bei ihrer Recherche eine wichtige Rolle: Sie ist ihr präziser, blitzschneller Recherche-Assistent, der die gigantischen Datenmengen vorordnet. Diese Technologie erlaubt es ihr, die Arbeit von Tausenden von Stunden auf ein menschliches Maß zu reduzieren.

Aber die Entscheidung, was wichtig ist, die Interpretation und das Verfassen der Texte – das bleibt reine Handarbeit von Lindsay Moon. Sie sieht ihre Arbeit als das Entwirren eines riesigen Wissensknäuels, um die schönsten Fäden für uns alle sichtbar zu machen. Ihre Texte sind eine Einladung, die Welt mit offenen Augen zu sehen und sich bei jedem umgeblätterten Kapitel zu wundern, was die Geschichte und die Wissenschaft noch für uns bereithalten.

Für Lindsay gibt es keine uninteressanten Fakten, nur solche, deren Geschichte noch nicht gut erzählt wurde. Sie lädt Sie ein, gemeinsam mit ihr die schrägsten und klügsten Ecken des Wissens zu erkunden. Denn am Ende macht uns das Detailwissen einfach gesprächiger, bunter und ein Stück weit klüger.

IMPRESSUM

Lindsay Moon wird vertreten durch:

Copyright © 2026 Rüdiger Hössel

Erhardstraße 42, 97688 Bad Kissingen, Germany

KDP-ISBN Paperpack: 979-8883855725

Imprint: Independently published

Herstellung: Amazon Distribution GmbH

1. Auflage 2026

***

Die Illustrationen in diesem Buch wurden ganz oder teilweise mit Hilfe von künstlicher Intelligenz erzeugt. Der Einsatz dieser Technologien unterstützt die visuelle Gestaltung und hilft dabei, komplexe Inhalte anschaulicher darzustellen. Ich weise hier offen darauf hin, damit nachvollziehbar bleibt, wie die Bilder entstanden sind. Alle urheberrechtlich relevanten Punkte sowie die Nutzungsrechte wurden vor der Veröffentlichung geprüft und beachtet.

***

www.ingramcontent.com/pod-product-compliance
Lightning Source LLC
Chambersburg PA
CBHW071058290526
45795CB00004B/1554